LED 灯具设计

LED DENGJU SHEJI

麻丽娟　周灵云　编

化学工业出版社

·北京·

U0243774

本书的特点在于融合了灯具设计的光学、电气等理工科专业知识与造型、材料等艺术类专业知识，按照灯具产品从设计到生产涉及的知识来组织知识结构，全面介绍灯具设计各个方面，详细叙述了灯具光学设计、造型设计的要素及方法、灯具检测与组装等知识，主要内容包括：灯具概述、灯具设计原则与要素、灯具光学设计、灯具造型设计、LED灯具设计、灯具检测、典型灯具产品组装与工程施工等。

　　同时，本书为了适应职业教育改革的需要，贯彻以培养高职高专学生以实践技能为重点，基础理论与实际应用相结合的指导思想，力求体现精炼与实用，是一本难得的文理兼修的综合性教材。

　　本书可供电光源技术爱好者或者灯具设计施工人员阅读参考，本书还适用于高等职业学校电光源技术、艺术设计、产品造型设计等专业教学使用，也可作为各类灯具设计培训的教学用书。

图书在版编目（CIP）数据

LED灯具设计/麻丽娟，周灵云编. —北京：化学工业出版社，2016.1（2019.5 重印）
ISBN 978-7-122-25660-7

Ⅰ.①L… Ⅱ.①麻…②周… Ⅲ.①发光二极管-灯具-设计 Ⅳ.①TN383

中国版本图书馆 CIP 数据核字（2015）第 270957 号

责任编辑：王昕讲　刘　哲		装帧设计：韩　飞
责任校对：边　涛		

出版发行：化学工业出版社（北京市东城区青年湖南街13号　邮政编码100011）
印　　装：天津画中画印刷有限公司
787mm×1092mm　1/16　印张10¾　字数278千字　2019年5月北京第1版第3次印刷

购书咨询：010-64518888　　　　　售后服务：010-64518899
网　　址：http://www.cip.com.cn
凡购买本书，如有缺损质量问题，本社销售中心负责调换。

定　　价：49.80元

→ 前　言

　　本书是由来自电子电气工程和艺术设计两个不同专业的老师合作编写的。在编写过程中，编者遵循了教育部有关高等职业教育教学改革的指导思想，在内容的安排和深度的把握上，主要传授灯具设计相关的多方位的知识和技能，培养学生运用基础知识解决实际问题的能力，以及基于项目实现的专业合作能力。与其他同类书籍比较，本书有以下几方面的特色。

　　（1）学科交叉、内容丰富。本书是由电子电气工程和艺术设计两个专业的老师合作编写的，内容按灯具设计的进程进行编排，涉及电子电气工程方面和艺术设计方面的知识。

　　（2）结构合理、适用性强。按照灯具产品从设计到生产涉及的知识来组织知识结构，全面介绍灯具设计各个方面，详细叙述了灯具光学设计、造型设计的要素及方法、灯具检测与组装等知识，引导学生了解灯具设计的各个要素与设计方法。

　　（3）图文并茂、便于理解。本书根据高职高专院校教学实际，着力强调实用性，文字表达浅显易懂，内容有趣，并配有大量高清经典设计图，图文结合，方便教师授课，同时也便于学生理解。

　　（4）理实一体、突出实用。本书紧密结合职业教育的特点，在内容编排上基于岗位工作过程的工学结合教学方式，符合学生心理特征和认知规律，以培养学生完成实际工作能力为重点，紧密联系企业生产实际。

　　本书可供电光源技术爱好者或者灯具设计施工人员阅读参考，同时也适合高职高专电光源技术、环境艺术设计、产品造型设计、工业设计等专业教学使用。

　　我们将为使用本书的教师免费提供电子教案等教学资源，需要者可以到化学工业出版社教学资源网站 http://www.cipedu.com.cn 免费下载使用。

　　本书由麻丽娟、周灵云合作编写，第1、2、4章由周灵云编写，第3、5、6、7章由麻丽娟编写，麻丽娟对全书进行了统稿。

　　常州轻工职业技术学院张涛书记、杨劲松院长等领导密切关注本书的编写出版工作。本书在编写过程中，还得到了姚庆文、方四文、王惠宇等老师的大力支持，同时也得到了国家半导体照明产品质量监督检验中心、菲尼萨光电通信科技有限公司等企业多位专家的指导，在此一并感谢。

　　限于编者的水平和经验，书中难免存在不妥之处，恳请读者提出批评和修改意见。

编者

2015 年 10 月

⇥ 目　录

第7章　典型灯具产品组装与工程施工 ……………………………… 130

第 1 章
灯具概述

学习要点

① 学习灯具的基本概念，了解和掌握灯具设计的风格和文化。
② 学习和掌握灯具根据光源、使用场所、功能等不同而进行的分类及各自特点。
③ 了解灯具低碳环保等发展趋势。

1.1　灯具史话

1.1.1　灯具基本概念

国家标准 GB 7000.1—2007《灯具　第 1 部分：一般要求与试验》给出的灯具（luminaire 光源）定义是"能分配、透出或转变一个或多个灯发出光线的一种器具，并包括支承、固定和保护灯必需的所有部件（但不包括灯本身），以及必需的电路辅助装置和将它们与电源连接的装置。"该定义还附有一个注，即"采用整体式不可替换光源的发光器被视作一个灯具，但不对整体式光源和整体式自镇流灯进行试验。"

早期的灯具，类似陶制的盛食器"豆"。上盘下座，中间以柱相连，虽然形制比较简单，却奠立了中国油灯的基本造型。千百年发展下来，灯的功能也逐渐由最初单一的实用性变为实用性和装饰性相结合。历代墓葬出土的精美灯具，有宫中传世的佳作，造型考究、装饰繁复，反映了当时主流社会的审美时尚；还有很多民间灯具也不乏富有情趣的设计，它们的做工一般都比较朴实，造型却往往有出奇之处，表现了普通大众的审美爱好和功用要求。古代灯具如图 1-1～图 1-4 所示。

现代灯具包括家居照明、商业照明、工业照明、道路照明、景观照明、特种照明等。家居照明从最早的白炽灯，发展到荧光灯，再到后来的节能灯、卤素灯、卤钨灯、气体放电灯和 LED 特殊材料的照明等，照明灯具大多都是在这些光源的基础上发展而来的，如从电灯座到荧光灯支架以及到目前的各类工艺灯饰等。家居照明灯具如图 1-5、图 1-6 所示。

商业照明的光源也是在白炽灯基础上发展而来的，如卤素灯、金卤灯等。其灯具主要有聚光和泛光两种，标牌、广告、特色橱窗和背景照明等，都是根据不断的发展需求应运而生的。商业照明灯具如图 1-7、图 1-8 所示。

图1-1 古代灯具（1）

图1-2 古代灯具（2）

图1-3 古代灯具（3）

图1-4 古代灯具（4）

图1-5 家居照明灯具（1）

图1-6 家居照明灯具（2）

<table>
<tr><td>图1-7 商业照明灯具（1）</td><td>图1-8 商业照明灯具（2）</td></tr>
</table>

工业照明的光源是以气体放电灯、荧光灯为主，结合其他的灯具灯饰，如防水、防爆、防尘等要求来定制的。但是工业照明是需要谨慎对待的，特别是在选择光源和灯具上都有讲究，如服装制作的颜色、面料、质地在不同的光源下产生的效果是不一样的。灯具的选择主要考虑反射性、照度、维护系数等，而目前国内大多数企业还是不太重视灯具的选择。工业照明灯具如图1-9、图1-10所示。

图1-9 工业照明灯具（1）　　　　图1-10 工业照明灯具（2）

道路照明和景观照明在灯具选择上与其他照明是完全不一样的，这类灯具不是只能照亮就可以了。道路照明不能一味追求美观而忽视安全照度和透雾性，而景观照明灯具和光源的选择就要充分考虑节能和美观了，因为景观照明不需要那么高的照度，只要营造出一个照明特色就可以了。道路和景观照明灯具如图1-11、图1-12所示。

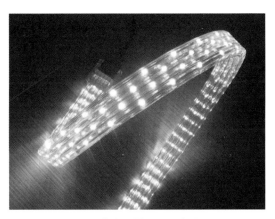

图1-11 道路和景观照明灯具（1）　　　图1-12 道路和景观照明灯具（2）

1.1.2 灯具设计的风格和文化

灯饰的风格可以简单分为欧式、中式、美式、现代四种不同的风格，这四种类别的灯饰各有千秋。

（1）现代灯具

简约、另类、追求时尚是现代灯具的最大特点。其材质一般采用具有金属质感的铝材、另类气息的玻璃等，在外观和造型上以另类的表现手法为主，色调上以白色、金属色居多，更适合与简约现代的装饰风格搭配（如图1-13所示）。

（2）欧式灯具

与强调以华丽的装饰、浓烈的色彩、精美的造型达到雍容华贵的装饰效果的欧式装修风格相近，欧式灯注重曲线造型和色泽上的富丽堂皇。有的灯还会以铁锈、黑漆等故意造出斑驳的效果，追求仿旧的感觉。从材质上看，欧式灯多以树脂和铁艺为主。其中树脂灯的造型有很多，可有多种花纹，贴上金箔、银箔显得颜色亮丽、色泽鲜艳；铁艺灯的造型相对简单，但更有质感（如图1-14所示）。

图1-13 现代灯具

图1-14 欧式灯具

（3）美式灯具

与欧式灯具相比，美式灯具似乎没有太大区别，这两类灯的用材基本一致，多以树脂和铁艺为主。美式灯依然注重古典情怀，只是风格和造型上相对简约，外观简洁大方，更注重休闲和舒适感（如图1-15所示）。

（4）中式灯具

与传统造型讲究对称、精雕细琢的中式风格相比，中式灯具也讲究色彩的对比，图案多为清明上河图、如意图、龙凤、京剧脸谱等中式元素，强调古典和传统文化的感觉。中式灯具的装饰多以镂空或雕刻的木材为主，宁静古朴。其中仿羊皮灯的光线柔和，色调温馨，装在家里，给人温馨、宁静的感觉。仿羊皮灯主要以圆形与方形为主。圆形灯大多是装饰灯，在家庭装饰中起画龙点睛的作用；方形灯多以吸顶灯为主，外围配以各种栏栅及图形，古朴端庄，简洁大方。目前中式灯也有纯中式和简中式之分。纯中式灯更富有古典气息，简中式灯则只是在装饰上采用一点中式元素（如图1-16所示）。

图 1-15 美式灯具　　　　　图 1-16 中式灯具

1.2 灯具分类

1.2.1 按光源分

（1）LED 节能灯

ANSI/IESNA RP-16-05《照明工程学的命名和定义》中，有关 LED 灯具（LED luminaire）的定义包括基于 LED 的发光元件和匹配的驱动器，配光部件、固定和保护发光元件的部件，以及将器具连接到分支电路部件的完整照明器具。基于 LED 的发光元件可能是 LED 封装（元件）、LED 阵列（模块）、LED 光引擎或 LED 灯。

传统光源以带有标准灯头为鲜明特征，而 LED 光源的形式多种多样，为了有所识别，ANSI/IESNA RP-16-05 给出的 LED 灯具定义中识别出了 LED 灯具中光源的形式，即光源可以是 LED 阵列（LED array）、LED 模块（LED module）或 LED 灯（LED lamp）。

图 1-17 LED 节能灯

LED 灯具与 LED 光源区别的关键点，即 LED 灯具直接与分支电路连接，而 LED 光源不直接与分支电路连接（如图 1-17 所示）。

（2）电子节能灯

节能灯的亮度、使用寿命比一般的白炽灯优越，尤其是在省电上的口碑极佳。节能灯有 U 形、螺旋形、花瓣形等，功率从 3W 到 40W 不等。不同型号、不同规格、不同产地的节能灯的价格相差很大。筒灯、吊灯、吸顶灯等灯具中一般都能安装节能灯，但节能灯一般不适合在高温、高湿环境下使用，浴室和厨房应尽量避免使用电子节能灯（如图 1-18 所示）。

（3）太阳能节能灯

太阳能路灯以太阳光为能源，蓄电池储能，以 LED 灯为光源，白天充电晚上使用（如图 1-19 所示）。

图 1-18 电子节能灯

（4）其他光源

非电光源的运用是未来的发展趋势，比如，酒吧里并不需要太强的光线来塑造气氛，所以，类似蜡烛的昏暗光线是合适的。对于返璞归真的人们来说，蜡烛、油灯或许更能引起怀旧情结（如图1-20所示）。再如前面的荧光系列，在停电中和起夜时小小的荧光完全可以解决不必摸黑的问题。

图 1-19　太阳能节能灯

图 1-20　烛光

1.2.2　按使用场所分

1）室内照明灯具

（1）小夜灯

小夜灯的灯光柔和，在黑暗中，起到指引照明的作用，同时又可一灯多用，加入熏香精油即成熏香灯，加入驱蚊精油或驱蚊液可成环保驱蚊灯，能达到无毒驱蚊的效果，特别适应婴童居室。加入食醋则可达到消毒杀菌、净化空气之功效（如图1-21、图1-22所示）。

图 1-21　小夜灯（1）

图 1-22　小夜灯（2）

（2）台灯

台灯是人们生活中用来照明的一种家用电器。它一般分为两种，一种是立柱式，另一种是夹置式。它的功能是把灯光集中在一小块区域内，便于工作和学习。一般台灯用的灯泡是白炽灯、节能灯以及市面上流行的护眼灯，部分台灯还有"应急功能"即自带电源，用于停电时的照明应急。台灯按使用功能分，有阅读台灯、装饰台灯、便携台灯、工作台灯等；按材质分，有陶灯、木灯、铁艺灯、铜灯等；按光源分，有灯泡、插拔灯管、灯珠台灯等（如图1-23、图1-24所示）。

图 1-23 台灯 (1)

图 1-24 台灯 (2)

（3）吊灯

吊灯适合于客厅。吊灯的花样最多，常用的吊灯有欧式烛台吊灯、中式吊灯、水晶吊灯、羊皮纸吊灯、时尚吊灯、锥形罩花灯、尖扁罩花灯、束腰罩花灯、五叉圆球吊灯、玉兰罩花灯以及橄榄吊灯等。用于居室的吊灯分单头吊灯和多头吊灯两种，前者多用于卧室、餐厅，后者宜装在客厅里。吊灯的安装高度，其最低点应离地面不小于 2.2m。

① 欧式烛台吊灯。欧洲古典风格的吊灯，灵感来自古时人们的烛台照明方式，那时人们都是在悬挂的铁艺上放置数根蜡烛。如今很多吊灯也设计成这种款式，只不过将蜡烛改成了灯泡，但灯泡和灯座还是蜡烛和烛台的样子（如图 1-25 所示）。

② 水晶吊灯。水晶灯有几种类型，即天然水晶切磨造型吊灯、重铅水晶吹塑吊灯、低铅水晶吹塑吊灯、水晶玻璃中档造型吊灯、水晶玻璃坠子吊灯、水晶玻璃压铸切割造型吊灯、水晶玻璃条形吊灯等（如图 1-26 所示）。

图 1-25 欧式烛台吊灯

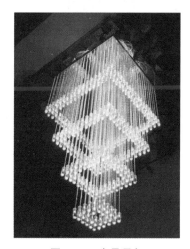

图 1-26 水晶吊灯

目前市场上的水晶灯大多由仿水晶制成，但仿水晶所使用的材质不同，质量优良的水晶灯是由高科技材料制成，质量差一些的水晶灯以塑料充当仿水晶的材料，光影效果自然很差。

③ 中式吊灯。外形古典的中式吊灯，明亮利落，适合装在门厅区。在进门处，明亮的光感给人以热情愉悦的气氛，而中式图案又会告诉客人，这是个传统的家庭（如图 1-27 所示）。要注意的是：灯具的规格、风格应与客厅配套。另外，如果想突出屏风和装饰品，则需要加射灯。

④ 时尚吊灯。大多数家庭也许并不想装修成欧式古典风格，所以现代风格的吊灯往往更受欢迎。目前市场上具有现代感的吊灯款式众多，供挑选的余地非常大，各种线条均可选择（如图1-28所示）。

图1-27　中式吊灯　　　　　　　　　图1-28　时尚吊灯

（4）壁灯

壁灯适合于卧室、卫生间照明等。常用的有双头玉兰壁灯、双头橄榄壁灯、双头鼓形壁灯、双头花边杯壁灯、玉柱壁灯、镜前壁灯等。壁灯的安装高度，其灯泡应离地面不小于1.8m（如图1-29、图1-30所示）。

图1-29　壁灯（1）　　　　　　　　图1-30　壁灯（2）

（5）落地灯

落地灯常用作局部照明，不讲全面性，而强调移动的便利，多用于对角落气氛的营造。落地灯的采光方式若是直接向下投射，适合阅读等需要精神集中的活动，若是间接照明，可以调整整体的光线变化。落地灯的灯罩下边应离地面1.8m以上。

落地灯一般放在沙发拐角处，落地灯的灯光柔和，晚上看电视时，效果很好。落地灯的灯罩材质种类丰富，消费者可根据自己的喜好选择。许多人喜欢带小台面的落地灯，因为可以把固定电话放在小台面上（如图1-31、图1-32所示）。

（6）吸顶灯

常用的吸顶灯有方罩吸顶灯、圆球吸顶灯、尖扁圆吸顶灯、半圆球吸顶灯、半扁球吸顶灯、小长方罩吸顶灯等。吸顶灯适合于客厅、卧室、厨房、卫生间等处照明。

吸顶灯可直接装在天花板上，安装简易，款式简单大方，赋予空间清朗明快的感觉。

图 1-31　落地灯（1）

图 1-32　落地灯（2）

　　吸顶灯内一般有镇流器和环行灯管，镇流器有电感镇流器和电子镇流器两种，与电感镇流器相比，电子镇流器能提高灯和系统的光效，能瞬时启动，延长灯的使用寿命。与此同时，它温升小、无噪声、体积小、重量轻，耗电量仅为电感镇流器的 1/3 至 1/4。吸顶灯的环行灯管有卤粉和三基色粉的，三基色粉灯管的显色性好、发光度高、光衰慢；卤粉灯管的显色性差、发光度低、光衰快。区分卤粉和三基色粉灯管的区分方法十分简单，同时点亮这两种灯，把双手放在两个灯的附近，卤粉灯下的手色发白、失真，三基色粉灯下的手色是皮肤本色。

　　吸顶灯有带遥控和不带遥控两种，带遥控的吸顶灯开关方便，适合用于卧室中。吸顶灯的灯罩材质一般是塑料、有机玻璃的，玻璃灯罩的现在很少了（如图 1-33、图 1-34 所示）。

图 1-33　吸顶灯（1）

图 1-34　吸顶灯（2）

（7）筒灯

　　筒灯一般装设在卧室、客厅、卫生间的周边天棚上。这种嵌装于天花板内部的隐置性灯具的所有光线都向下投射，属于直接配光。可以用不同的反射器、镜片、百叶窗、灯泡，来取得不同的光线效果。筒灯不占据空间，可增加空间的柔和气氛，如果想营造温馨的感觉，可试着装设多盏筒灯，减轻空间的压迫感（如图 1-35、图 1-36 所示）。

图 1-35　筒灯（1）

图 1-36　筒灯（2）

（8）射灯

射灯可安置在吊顶四周或家具的上部，也可置于墙内、墙裙或踢脚线里。射灯的光线直接照射在需要强调的家具器物上，以突出审美作用，达到重点突出、环境独特、层次丰富、气氛浓郁、缤纷多彩的艺术效果。射灯光线柔和，雍容华贵，既可对整体照明起主导作用，又可局部采光，烘托气氛。射灯分低压、高压两种，低压射灯的使用寿命长一些，光效也高一些（如图1-37、图1-38所示）。

图1-37 射灯（1）

图1-38 射灯（2）

（9）其他室内照明灯具

① 浴霸。浴霸按取暖方式分灯泡红外线取暖浴霸和暖风机取暖浴霸，市场上主要的是灯泡红外线取暖浴霸。按功能分有三合一浴霸和二合一浴霸，三合一浴霸有照明、取暖、排风功能；二合一浴霸只有照明、取暖功能。按安装方式分有暗装浴霸、明装浴霸、壁挂式浴霸，暗装浴霸比较漂亮，明装浴霸直接装在吊顶上，一般不能采用暗装和明装浴霸的才选择壁挂式浴霸。正规厂家生产的浴霸一般要通过"标准全检"的"冷热交变性能试验"，在4℃冰水下喷淋，经受瞬间冷热考验，再采用暖炮防爆玻璃，以确保沐浴中的绝对安全（如图1-39所示）。

② 镜前灯。一般是指固定在卫生间镜子上面的照明灯，作用是照清照镜子的人，使照镜子的人更容易看清自己（如图1-40所示）。

图1-39 浴霸

图1-40 镜前灯

③ 格栅灯。格栅灯适合安装在有吊顶的写字间，光源一般是灯管，分为嵌入式和吸顶式（如图1-41、图1-42所示）。

图 1-41　格栅灯（1）

图 1-42　格栅灯（2）

2）室外照明灯具

（1）道路照明灯

道路灯主要用于夜间的通行照明（如图 1-43 所示）。

（2）隧道灯

为解决车辆驶入或驶出隧道时亮度的突变使视觉产生的"黑洞效应"或"白洞效应"，用于隧道照明的特殊灯具（如图 1-44 所示）。

图 1-43　路灯

图 1-44　隧道灯

（3）草坪灯

草坪灯用于草坪周边的照明设施，也是重要的景观设施。它以其独特的设计、柔和的灯光为城市绿地景观增添了安全与美丽，且安装方便、装饰性强，可用于公园、花园、别墅等的草坪周边及步行街、停车场、广场等场所（如图 1-45 所示）。

（4）地埋灯

埋地灯的灯体为压铸或不锈钢等材料，坚固耐用，防渗水，散热性能优良；面盖为 304♯ 精铸不锈钢材料，防腐蚀，抗老化；硅胶密封圈，防水性能优良，耐高温，抗老化；高强度钢化玻璃，透光度强，光线辐射面宽，承重能力强；所有坚固螺钉均用不锈钢；防护等级达 IP67；可选配塑料预埋件，方便安装及维修。

图 1-45　草坪灯

地埋灯在外形上有方的也有圆的，广泛用于商场、停车场、绿化带、公园、旅游景点、住宅小区、城市雕塑、步行街道、大楼台阶等场所，主要是埋于地面，用来做装饰或指示照明之用，还有的用来射墙或是照树，其应用有相当大的灵活性（如图 1-46 所示）。

图1-46 地埋灯

（5）庭院灯

庭院灯是户外照明灯具的一种，通常是指6m以下的户外道路照明灯具，其主要部件由：光源、灯具、灯杆、法兰盘、基础预埋件5部分组成。因为其多样性和美观性，庭院灯也具有美化和装饰环境的特点，所以也被称为景观庭院灯。主要应用于城市慢车道、窄车道、居民小区、旅游景区，公园、广场等公共场所的室外照明，能够延长人们的户外活动时间，提高财产安全（如图1-47所示）。

（6）景观灯

景观艺术灯是现代景观中不可缺少的部分。它不仅自身具有较高的观赏性，还强调艺术灯的景观与景区历史文化、与周围环境的协调统一。景观艺术灯利用不同的造型、相异的光色与亮度来造景，例如红色光的灯笼造型景观灯为广场带来一片喜庆气氛，绿色椰树灯在池边立出一派热带风情。景观灯适用于广场、居住区、公共绿地等景观场所，使用中要注意不要过多过杂，以免喧宾夺主，使景观显得杂乱浮华（如图1-48所示）。

图1-47 庭院灯

图1-48 景观灯

（7）其他室外照明灯具

① 水底灯（喷泉灯）。喷泉灯，简单地说就是装在水底的灯，外观小而精致，美观大方，外形和有些地埋灯差不多，只是多了个安装底盘，底盘是用螺钉固定的（如图1-49所示）。

② 护栏灯（灯条/带）。护栏灯是由发光二极管、电子线路板、电子元器件、PC塑胶外壳、防水电源组成的一种线性的装饰灯具。能够防水、防尘、防紫外线、耐高温、抗寒、具有环保、节能省电、使用寿命长等物理特性。已广泛应用于桥梁、道路、楼体墙面、公园、广场、娱乐场所等地方（如图1-50所示）。

图1-49 喷泉灯

图1-50 护栏灯

③ 交通灯。交通灯是保证安全行车而安装在汽车上的各种交通灯。分照明灯和信号灯两类。交通信号灯通常由红、黄、绿三种颜色灯组成，用来指挥交通（如图1-51所示）。

④ 应急灯。应急灯是应急照明用的灯具的总称，包括疏散标志灯、出口标志灯或指向标志灯。应急灯是在发生火灾时正常照明电源切断后，为引导被困人员疏散或展开灭火救援行动而设置的。但在日常的检查中发现，有些单位在消防应急灯具的选型、安装和使用过程中存在着许多问题。因此，合理选择应急照明系统的供电控制方式、接线方式，做好日常维护工作，直接影响到消防应急照明系统作用的发挥（如图1-52所示）。

图1-51　交通信号灯

图1-52　应急灯

1.2.3　按功能分

灯具按功能可分为以照明为主的灯具，如室内灯具、路灯等，或以装饰美化为主的灯具，如喷泉灯，建筑外墙装饰灯等。还有一些专门用途灯具，如红外线灯、工矿探照灯、医疗灯、摄影灯等。

工矿探照灯通常具有直径大于0.2m的出光口，并产生近似平行光束的高光强投光灯；医疗无影灯一般都用于手术室或者一些夜晚工作的专用灯具，其原理就是光相互折射，而冲淡了影子；舞台灯是演出空间构成的重要组成部分，是根据情节的发展对人物以及所需的特定场景进行全方位的视觉打造。

另外，灯具的显示方式（光源相对于被照射物体的位置），从配光的角度上来说，可以分为以下5种：①直接照明，即在物体正上方0%～10%、正下方100%～90%的配光，如射灯；②半直接照明，即在物体正上方10%～14%、正下方90%～60%的配光，如吊灯；③间接照明，即在物体正上方90%～100%、正下方10%～0%的配光，如壁灯；④半间接照明，即在物体正上方60%～90%、正下方40%～10%的配光，如门灯；⑤漫射照明，即在物体正上方40%～60%、正下方60%～40%的配光，如球形灯。

1.3　灯具发展趋势

"低碳经济"以"低消耗、低排放、低污染"为特征，"低碳"照明意味着更少的能源消耗，更绿色和谐的生产和生活方式。对于照明来说，只要能省电，就是低碳、绿色的。毫无疑问，半导体照明就是低碳的绿色照明。

2008年，财政部、国家发改委联合发布《高效照明产品推广财政补贴资金管理暂行办法》，重点支持高效照明产品替代在用的白炽灯和其他低效照明产品，主要包括普通照明用自镇流荧光灯、三基色双端直管荧光灯（T8、T5型）和金属卤化物灯、高压钠灯等电光源产品，半导体（LED）照明产品，以及必要的配套镇流器。

从2009年开始，LED光源向主流普通照明领域渗透，LED射灯、用于替代传统灯泡的螺丝口灯头LED灯、LED台灯、LED日光灯、LED小夜灯、LED路灯和LED隧道灯已经进入到部分住宅、企业、办公楼及道路照明领域。

（1）政府支持和政策法规的引导

在中国，"十二五"期间，LED功能性照明市场占有率要求达到20％。按此推算，上海目前的40万盏路灯中，将有8万盏需要改造为LED灯。

相比传统路灯，LED路灯具有卓越的节能特性。现在路灯一般的使用功率可分为250W、400W和1000W三档。以250W路灯为例，实际照射在路面上的光通量大约为14000lm，但这个亮度一盏150W的LED灯就能达到。同时，传统路灯很难实现调光功能，很容易降低灯具的使用寿命，LED灯就没有这个顾虑。此外，LED路灯在还原物体本来颜色的显色性方面效果也不错，太阳光还原物体本来颜色的效果最好，在晴朗的天气下，正午的太阳光的显色性如果算100，LED路灯的显色性则可以达到70～85，而高压钠灯只有20～40。所以，今后我国将大力支持安装LED路灯。

（2）LED灯的技术进步

目前大功率白光LED灯的光效已经达到80lm/W乃至100lm/W，除了LED本身性能的提升之外，与其配套的驱动集成电路也日趋成熟，为LED灯在普通照明领域中的应用创造了必要条件。目前进入住宅的LED灯具代表性产品是LED灯泡。东芝、飞利浦、夏普等公司纷纷推出可取代传统家用灯泡的LED灯。另外还有一些设计师设计的艺术灯具，将光源与灯罩合为一体，与电线连接直接作为灯具使用，增添了艺术氛围。

（3）LED灯的成本在降低

虽然LED灯泡仍比其他灯泡贵，但随着环保法规以节能作为重要目标，LED灯泡的价格已经开始下降。

第 2 章
灯具设计原则与要素

学习要点

① 理解灯具设计的具体涵义，掌握灯具设计的基本原则，了解灯具设计的发展趋势。

② 了解灯具设计的基本要素，掌握多种常见灯具材料的优缺点及其不同加工工艺。

③ 能够按照设计流程灵活运用不同材料进行主题灯具的设计。

2.1 灯具设计的基本概念

1）灯具设计的定义

国际照明协会（CIE）中对"灯具"的定义是：灯具是一种这样的器具，它对从一个或多个光源发出的光线进行重新分配、滤光或转换。它除包含灯泡外，还包含固定和保护灯泡所必备的元件，连接灯泡和供电线路的辅助电路设备等。

灯具设计是在用途、经济、工艺材料、生产制作等条件制约下，制成灯具图样方案的总称。所以说，灯具设计是研制产品的一种方法，它以组织美的生活环境为前提，以现代工业技术为手段，重视使用者的心理需要，着眼于功能与美的协调，是一种有意识的造型手段。

完整的灯具应该包含以下几部分。

① 光学部分：反射器、折射器、透镜、遮光器。

② 电气部分：光源、镇流器、触发器、熔断器、电气控制器件等。

③ 机械部分：灯体、安装支架等。

2）灯具设计的内涵

（1）灯具设计需要考虑的基本因素

光学因素：反射器、折射器、透镜眩光等。

机械因素：尺寸、公差、强度、元件提供、安装、维护等。

热学因素：光源光效、功率及类型、镇流器、散热片等。

安全因素：电气安全、紫外辐射、热安全等。

（2）灯具设计中常用的辅助软件

电气设计：Protel、Protues。

光学设计：Photopia、LightTools、TracePro。

造型设计：SolidWorks、PROE。

结构设计：AutoCAD、3DMAX、UG。

散热设计：Slotherm、EFD。

（3）灯具设计师应具备的知识

要成为合格的灯具设计师，首先必须具有光学、数学基础，能够进行光源的二次配光设计；其次要了解常用的灯具材料光学特性，正确选用合适的环保材料；最后通过辅助软件进行机械造型与 CAD 建模，掌握灯具制作的加工工艺。

2.2　灯具设计的原则

2.2.1　节能环保

研究资料表明，由于 LED 是冷光源，半导体照明对环境没有任何污染，与白炽灯、荧光灯相比，LED 的节电效率可以达到 90% 以上。在同样亮度下，耗电量仅为普通白炽灯的 1/10，荧光灯管的 1/2。如果用 LED 取代目前传统照明的 50%，每年我国节省的电量就相当于一个三峡电站发电量的总和，其节能效益十分可观。

今天我们更多地强调环境的可持续性，在如何保持舒适生活的同时，使用更少的资源来维护我们的环境。一个超级可爱的小机器人，取名为'U2Mi2'［you too，me too］，意思是让我们携起手来，共同迎接对环境更为友好的 LED 灯泡，如图 2-1 所示。

图 2-1　仿卡通 、机器人灯泡

2.2.2　健康安全

LED 是一种绿色光源。LED 灯直流驱动，没有频闪；没有红外和紫外的成分，没有辐射污染，显色性高并且具有很强的发光方向性；调光性能好，色温变化时不会产生视觉误差；冷光源的发热量低，可以安全触摸。这些都是白炽灯和荧光灯达不到的。它既能提供令人舒适的光照空间，又能很好地满足人的生理健康需求，是能够保护视力并且环保的健康光源。

由于目前单只 LED 灯的功率较小，光亮度较低，不宜单独使用，而将多个 LED 灯组装在一起设计成为实用的 LED 照明灯具则具有广阔的应用前景。灯具设计师可根据照明对象和光通量的需求，决定灯具光学系统的形状、LED 灯的数目和功率的大小；也可以将若干个 LED 发光管组合设计成点光源、环形光源或面光源的"二次光源"，根据组合成的"二次光源"来设计灯具。

但 LED 灯也有其缺陷,如 LED 灯中包含有锑、砷、铬、铅以及其他多种元素。其中,部分 LED 灯的有毒元素含量已经超过了监管部门制定的标准。实际上,处理 LED 灯中的有毒元素较麻烦,如果使用普通填埋的办法处理将会污染土壤和地下水。而如果 LED 灯破碎,还可能会对直接接触的人体健康造成损害。

另外,LED 灯由于单个发光面比较窄,通常大规模集成在印制电路板上,形成一个比较大的发光源,由此会造成大量热量的积累,有时会击穿印制电路板。所以 LED 灯的散热一定要好,否则很可能导致 LED 灯很快损坏。

还需注意的是,LED 灯具因为尺寸关系,巨大功率产生的高温常常集中在一个很小的区域范围中,如果设计上面又不具备如传统高温灯具一样具有保护人体避免烫伤的设计,那造成意外伤害的机会就会大增。此外,高强度的光挤到了比传统光源更小的一个光点上,光线可以造成的视觉伤害可能已经不亚于激光了,所以在 LED 灯具的设计上,还存在着许多需要注意的事项。

目前 LED 照明产业界一味追求高的亮度,常常忽略掉照明灯具应该追求的是感觉好的光、能让人真正使用的光。根据 LED 技术的优势,找出让用户满意的激发点,才能让尚未进入普及阶段的 LED 灯具被消费者接受,从而加快 LED 灯的市场拓展步伐。

2.2.3 艺术趣味

人们在满足物质生活需要的同时,对美、对艺术也有着非常强烈的追求,对灯具的要求也自然不仅仅局限于使用,还追求着造型的美观,在宾馆酒店、广告、橱窗、舞厅、餐厅等场所,以烘托氛围为主的照明系统称为装饰与艺术照明(简称装饰照明),不同功能的 LED 光源可以组合成彩绚丽的灯光幻影。这种"多色彩、多亮点、多图案"的变化,体现了 LED 光源的特点。

过去的灯具在人们生活中扮演单纯照明的角色,如今市场上兴起的各种各样个性化的灯具更强调装饰性和美学效果。艺术型灯具在场所布置、艺术鉴赏、个性化私人空间的装饰都能发挥出很大的用处,其作用早已不局限在照明上了。甚至,可以将盆栽等景观艺术与 LED 灯具相结合,不仅节省了空间,更增加了美感。

光色是构成视觉美学的基本要素,是美化居室的重要手段。光源的选用直接影响灯光的艺术效果,LED 在光色展示灯具艺术化上显示了无与伦比的优势;目前彩色 LED 产品已覆盖了整个可见光谱范围,且单色性好,色彩纯度高,红、绿、黄 LED 的组合使色彩及灰度(1670 万色)的选择具有较大的灵活性。灯具是发光的雕塑,由材料、结构、形态和肌理构造的灯具物质形式也是展示艺术的重要手段。

LED 光源可利用红、绿、蓝三基色原理,在计算机技术控制下使三种颜色具有 256 级灰度并能任意混合,即可产生 256×256×256=16777216 种颜色,形成不同光色的组合,实现丰富多彩的动态变化效果及各种图像。

LED 技术使居室灯具将科学性和艺术性更好地有机结合,打破了传统灯具的边边框框,超越了固有的所谓灯具形态的观念,灯具设计在视觉与形态的艺术创意表现上,需要以全新的角度去认识、理解和表达光的主题。灯具设计师可以更灵活地利用光学技术中明与暗的搭配、光与色的结合,材质、结构设计的优势,提高设计自由度来弱化灯具的照明功能,让灯具成为一种视觉艺术,创造舒适优美的灯光艺术效果。例如半透明合成材料和铝制成的类似于蜡烛的 LED 灯,可随意搁置在地上、墙角或桌上,构思简约而轻松,形态传达的视觉感受和光的体验,让灯具变成充满情趣与生机的生命体,如图 2-2 和图 2-3 所示。

图 2-2　芭蕾舞裙状的灯具　　　　　　　图 2-3　艺术灯具

2.2.4　人性和谐

毋庸置疑，光和人的关系是一个永恒的话题，"人们看到了灯，我看见了光"，正是这句经典的话语改变了无数设计师对灯的认识。灯具的最高境界是"无影灯"，也是人性化照明的最高体现，房间里没有任何常见灯具的踪迹，让人们可以感受到光亮却找不到光源，体现了把光和人类生活完美结合的人性化设计。

LED 灯具体积小，重量轻，可选用不同光色的 LED 组合成照度柔和的各种模块，任意安装在居室中，居室照明灯具的光源可以来源于地面、墙面、窗台、家具、饰物等。因此，未来的居室照明将不再局限于单个灯具，而将由单个灯具照明转化为无照明器具感的整体照明效果的无影灯。不同的光色和亮度对人的生理和心理能产生不同的影响，人们在很多情况下并不需要很亮的白光，可能黄光或其他颜色的光更适合生理和心理的需要。三基色 LED可以实现亮度、灰度、颜色的连续变换和选择，使得照明从普遍意义上的白光扩展为多种颜色的光。

因此，人们可以根据整体照明需要（如颜色、温度、亮度和方向等）来设定照明效果，实现人性化的智能控制，营造不同的室内照明效果。即使居室中只有 LED 发光天花板和发光墙面，人们也可以根据各自的要求、场景情况，以及对环境和生活的不同理解，在不同的空间和时间选择并控制光的亮度、灰度以及颜色的变化，模拟出各种光环境来引导、改善情绪，体现更人性化的照明环境（图 2-4 和图 2-5）。

图 2-4　仿自然灯具　　　　　　　　　图 2-5　手工制作纸灯具

2.2.5　科技时尚

科技性是灯具新产品开发设计中，最有创意、最富生命力、最能吸引用户的内质。如果能同时对本国古代灯具的技术特征进行提取再升华，则可以形成独特的科技文化性象征。在灯具设计中，可以应用多种多样的科技性象征，包括照明技术、材料技术和控制技术等。

LED的多色性以及快速反应的特性，使其控制性能远优于其他光源。所以可根据照明控制需求及传统光源的性能限制两者间的差距，以LED设计出别的光源达不到，但可以满足大家希望拥有控制性能的灯具。例如可变色温、可调光、根据情境自动反应的智慧灯具。另外对于喜欢把玩各种高科技产品的年轻人，提供可自由控制与设定的LED灯具。对于不那么痴迷于高科技的人，也可以设计出能用一个手指简单搞定的灯具。需要以光来营造不同情境气氛，调整情绪的人，也可以通过良好设计的LED灯具达到想要的效果。以前需要各种配件、复杂控制电路的特效专业灯具，现在都可以缩减转化成为一般家用、商用灯具。这些本来属于专业领域的眩目功能，在消费决策者选择是否购买时，产品本身更高的价值可以帮助其做决定。

如图2-6所示，该花瓣吊灯是由3位挪威设计师（Marianne Varmo，Heidi Buene 和 Audun Kollstad）一起设计的，当吊灯关闭时，就像一个花苞，而当吊灯打开时，会像花儿一样绽放。更为有趣的是，晚上睡觉时，这个吊灯会慢慢自动关闭。

图2-6　花瓣吊灯

2.3　灯具设计的要素

2.3.1　光源

灯具是用来满足用户的照明和装饰需要的，当然最主要的还是照明需求，而照明环境的好坏，则是由灯具的光源及配光来决定的。

光源的光色、显色性、光的强度、光效、光环境等都对使用效果有很大影响。不同的使用环境需要不同的光源和配光，如道路灯光关系到行车安全，照度要求均匀；公园或者小区对照度的均匀性要求不高，要尽量扩大照射面积；建筑物、景区一般采用宽光束或窄光束的投光灯来照射，以突出建筑物的轮廓，明暗对比强烈，是光线富有层次感，给人以美的享受。

1）色温

以绝对温度K来表示。将一标准黑体（例如铁）加热，温度升高至某一程度时颜色开始由红→浅红→橙黄→白→蓝白→蓝，逐渐改变，利用这种光色变化的特征，某光源的光色与黑体在某一温度下呈现的光色相同时，将黑体当时的绝对温度称为该光源的色温度。

光源的色温不同，所产生的感觉也不同。一般来说，偏向红色的光线让人感觉"温暖"，所以被称为暖色光；而偏向蓝色的光则让人感觉"凉爽"，所以被称为"冷色光"。几乎所有的灯具设计中都需要考虑到人对色温的感受。如图2-7所示，当光源的色温大于6500K时，光源颜色大致为带蓝的白，造成一种清冷的感觉，常用的灯具为荧光灯、水银灯；当色温为3300～6500K时，光源颜色接近自然光，不会产生明显心理效果，常用的灯具为荧光灯、金卤灯；色温小于3300K时，光源颜色大致为带橘黄的白色，给人一种温暖的感觉，常用灯具为白炽灯、卤素灯（见表2-1）。

| 1800K | 4000K | 5500K | 8000K | 12000K | 16000K |

图 2-7　光源的色温

表 2-1　色温与光色、心里感觉及使用环境关系图表

色温	光色	气氛效果	光源	适用场合
≥6500K	清凉(带蓝的白)	清冷的感觉	荧光灯、水银灯	光源接近自然光,有明亮的感觉,使人能集中精力,适用于办公室、会议室、教室、绘图室、设计室、阅览室以及展览橱窗等场所
3300~6500K	中间(接近自然光)	无明显心理效果	荧光灯、金卤灯	中性色由于光线柔和,使人有愉快、舒适、安详的感受,适用于商店、医院、办公室、饭店、餐厅、候车室等场所
≤3300K	温暖(带橘黄的白)	温暖的感觉	白炽灯、卤素灯杯	暖色光与白炽灯接近,红光成分较多,能给人以温暖、健康、舒适的感受。适用于家庭、住宅、宿舍、宾馆等场所或温度较低的地方

不同色温对于营造环境来说非常重要，比如晚宴、舞厅之类的场合，就经常使用暖色光源来使人觉得温馨舒适；而面积较小的居室、工作间之类的地方，则可以使用冷色光源来使照明场所看上去比较宽阔，避免产生压抑的感觉。

光色是指光源的颜色，或者由数种光源同时照射而综合形成的一个照明环境。光色决定光照环境总的色调倾向，对表现主题的帮助较大，如红色表现热烈，黄色综合表示高贵，白色表示纯洁等。不同功用的场合所应用的光色也不相同，普通家庭用灯光色还需要与墙壁、天花板、地板、家具的颜色相配合，以达到最完美和谐的效果。

2）显色指数（R_a）

光源对于物体颜色呈现的程度称为显色性，通常也称为显色指数（R_a），是衡量光源显现被照物体真实颜色的能力参数。光源对物体颜色呈现的程度称为显色性，也就是颜色的逼真程度，显色性高的光源对颜色的再现较好，所看到的颜色也就较接近自然原色，显色性低的光源对颜色的再现较差，所看到的颜色偏差也较大。颜色的显现和照度。

光源的显色指数与照度一起决定环境的视觉清晰度。在照度和显色指数之间存在一种平衡关系。从广泛的实验中得到的结果是：用显色指数 $R_a > 90$ 的灯照明办公室，就其外观的满意程度来说，要比用显色指数低的灯（$R_a < 60$）照明的办公室，照度值高 25% 以上。

一般来说，$R_a > 90$，说明此灯具的显色性极好，几乎能模拟自然光的照射，适合对色彩鉴别要求极高的场所，如印刷、印染品检验等；R_a 为 80~90，说明显色性很好，适用于彩色电视转播、陈列的展品照明等；R_a 为 65~80，说明显色性较好，一般用于室内照明；R_a 为 50~65，显色性中等，一般用于室外照明；$R_a < 50$ 的显色性较差，完全无法达到自然光照的效果，只能用于对色彩要求不高的场所，如停车场、货场等（见表 2-2）。

表 2-2　显色性的效果与用途

显色指数 R_a	显色程度	用途
>90	极好	对色彩鉴别要求极高的场所,如印刷、印染品检验等
80~90	很好	彩色电视转播、陈列的展品照明
65~80	较好	室内照明
50~65	中等	室外照明
<50	较差	对色彩要求不高的场所,如停车场、货场等

3）光通量

光通量（单位：流明 lm），指人眼所能感觉到的辐射功率，等于单位时间内某一波段的辐射能量和该波段的相对视见率的乘积。由于人眼对不同波长光的相对视见率不同，所以不同波长光的辐射功率相等时，其光通量并不相等。表示发光体发光的多少，流明是光通量的单位（发光愈多流明数愈大）。

4）光效

电光源将电能转化为光的能力，光源所出的光通量与所消耗电功率之比，是描述光源的质量和经济的光学量，单位：流明/瓦（lm/W）。

5）平均寿命

平均寿命也称额定寿命，是指一批灯点亮至一半数量损坏不亮的小时数。

6）光强

发光体在特定方向单位立体角内所发射的光通量，单位为坎德拉（cd）。国际单位是 candela（坎德拉）简写 cd，其他单位有烛光、支光。1cd 即 1000mcd 是指单色光源（频率 $540×10^{12}$ Hz，波长 $0.550\mu m$）的光，在给定方向上〔该方向上的辐射强度为（1/683）W/（sr·m²）（瓦特/球面度）〕的单位立体角内发出的发光强度。

光照强度即灯具发出的照明光线的亮度。光照强度需要根据其使用周围环境来选择和调节。就一般环境而言，太亮会让人觉得刺眼，太暗又让人无法看清物体。在特定的场合，需要明亮的环境，就应当选择光照强度大的灯具，例如足球场或者体育馆等。

7）照度

照度（Luminosity）是指物体被照亮的程度，采用单位面积所接受的光通量来表示，表示单位为勒克斯（lux，lx），即 lm/m²。1lux＝1 流明（lm）的光通量均匀分布于 1m² 面积上的光照度。照度是以垂直面所接受的光通量为标准。

8）亮度

亮度是用来表示物体表面发光（或反光）强弱的物理量，被视物体发光面在视线方向上的发光强度与发光面在垂直于该方向上的投影面积的比值，称为发光面的表面亮度，单位为坎德拉每平方米（cd/m²）。

9）光束角

光束角是指灯具光线的角度灯杯的角度。一般常见的有 10°、24°、38°等 3 种。

10）光环境

光环境是人们在一定的视觉空间对光的心理感受。一个好的光环境给人产生一种良好的视觉感受，这种良好的视觉感受直接影响人们的身心健康。人们在考虑营造良好的光环境同时，要考虑节能的问题。绿色照明的概念就是如何降低汞的释放量，如何节约人类奈以生存的有限能源。

2.3.2 功能

1）照明功能

现代社会，照明是利用各种光源照亮物体、工作和生活场所的唯一、重要、不可或缺的措施或手段。照明功能是人们对灯具最基本的要求。

就一般家庭的装饰及使用而言，灯具产品可分为顶灯、壁灯、台灯、落地灯、地灯以及便携式灯等。随着科学技术的发展，灯具的照明能力和应用已经涉及、适应以及满足各行各业的需要。并且不仅仅是照明亮度、深度的提高，而且是色温、显色性、光效、使用寿命等各项指标的改善以及可调可控。新兴的 LED 灯具，最大的特点并不单是能照的多亮多远，而是综合性能要远胜于以前的其他型式灯具。

2）环境装饰功能

（1）有形装饰

灯具的有形装饰即通过对灯具外壳、光源的加工或者附加其他装饰物的方法来美化灯具。平面装饰是简单易行的有形装饰，即通过彩绘、贴纸、油漆、雕刻或者其他简单的方式在灯具表面进行装饰，简单而多变化，制作工艺简单，成本低。复杂的有形装饰方法是结构装饰，即在灯具上增加额外的结构来进行装饰，这种装饰常常在位置固定的灯具上见到，如图 2-8 和图 2-9 所示。

图 2-8　表面装饰　　　　　　　　图 2-9　结构装饰

（2）无形装饰

灯具的无形装饰是指通过光源本身的一些配置来达到装饰的效果，比如通过改变光源的颜色和亮度。还有一种要求互动的技术，即使用光影（本影和半影）与环境的交互来达到一种综合以及动态的结果。

2.3.3　形态

产品的外观赋予产品第一视觉冲击力，一个产品能否在一瞬间吸引到顾客的眼球，外观起到了 90% 以上的作用。产品设计中与视觉相关的要素有三个：形态、色彩和质感（材质）。

1）认识形态

广义来讲，"形态"包含两个层面的内容：一是指物体的外形或形状，如方形、圆形、三角形；二是指蕴含在无体内的"神态"或"精神姿态"，两者结合起来才是物体的完整形态。狭义上的形态是指物体的具体形状。

世界上的形态包罗万象，概括起来有现实形态和概念形态两种。现实形态是实际存在的形态，分为自然形态（如山、水、草、木、动物等）和人为形态（如产品、建筑等）。概念形态则通常是一种空间规定，如构成中的点、线、面、体概念。概念形态不能直接成为造型素材，只有当概念形态以感知的图形形式出现时，才可用作设计的基本素材。

形态是一种符号，是产品外在形象和信息的综合体，也是产品功能质量和造型质量的外在反应。形态作为产品的表面特征应该是可以理解的、易于记忆和认知的，又常常具有某种特定的象征性和寓意色彩，人们通过它可以联想到产品的功能和更多方面，如感觉到其技术层面、时代感、民族感或产品给拥有者带来的荣誉感和满足感等。如看到灯泡就能感受到它的发光属性，灯具的造型、LED 光源的运用以及材料工艺能够展示出其时代性，同时也能体会这一形态给人带来的时尚、前卫等精神感受。

2）形态的塑造

产品形态的塑造是有一定的规律可循的，这一创造规律和自然界中的形态构成规律有着相似之处，同样符合形态的"分割"和"积聚"这两条基本规律。灯具产品的形态大多也是以抽象的几何形态为基础的，而几何形态是人类从大自然的无数形态中抽象出来的。几何形态是各种形态中最基本、最单纯的形态。通过对其中一些形态的分割或积聚，很容易创造出新的形态。

当然，灯具形态在设计创造过程中，不同程度地受到照明物质功能和精神功能的影响和约束。物质功能是影响形态设计的关键因素，具体包括功能的实现方式、使用操作方式、技术支持等。灯具存在的目的是提供给人们照明等实际用途，形态只是实现功能的载体，其设计要以最大限度发挥物质功能为基准。

精神功能是产品物质功能的延伸，随着社会的发展和物质的极大丰富，人们越来越注重产品的精神功能，及产品形态的多样化、差异化、情趣化等内容带来的愉悦和美的享受。当然，产品的实用物质功能仍是形态设计时要优先考虑的，要把握好物质功能和精神功能之间的度。各种灯具形态如图 2-10～图 2-13 所示。

图 2-10 自然形态

图 2-11 卡通形态

图 2-12 几何形态

图 2-13 自由曲面形态

2.3.4 色彩

灯具的色彩包括光源颜色和灯具形态的色彩，在此主要研究灯具形态的色彩。

产品设计中与视觉相关的要素有三个：形态、色彩、质感（材质），在某些情况下，色彩的重要性要强于形态和材质。如室内灯具，要根据自家装修色调来选择搭配，而且色彩更趋于感性化，更能打动人的视觉并直接表达某种情感。在产品设计中，合理利用色彩设计，不仅能满足人们身心匹配的需要，还能激起消费者的购买欲望。

① 色彩的感觉：人们在接受外界的光刺激后，在视觉形成色觉的同时往往还会伴生出种种非色觉的其他感觉。常见的色彩感觉有色彩的温度感、距离感、重量感、强弱感以及味觉或嗅觉等。利用色彩的感觉，灯具可以传达出非常丰富的表现力。

② 色彩的温度感：色彩的温度感是一种作用强烈的感觉现象。当观察到暖色（红、橙、黄）时，会在心理上明显地出现兴奋与积极进取的情绪，同时还会产生温暖感；当观察到冷色（青、蓝、紫）时，会明显出现压抑与消极退缩的情绪，同时还会产生寒冷感，如图2-14和图2-15所示。

图 2-14 温暖感

图 2-15 寒冷感

③ 色彩的距离感：色彩的距离感与色彩的色相、彩度、明度等属性均有关系。凡感觉中距离显得比实际距离近的色彩称为前进色，是以橙色为中心近半个色环的暖色系的色彩，越暖的色彩显得越近。而感觉中距离显得比实际距离远的色彩称为后退色，是以蓝色为中心的近半个色环的冷色系的色彩，越冷的颜色显得越远。采用前进色的产品体积会显得膨胀，采用后退色的产品体积显得收缩。

④ 色彩的重量感：明度是决定色彩重量感的主要因素，明度越高显得越轻，反之则越重。产品色彩的重量感往往还受它的表面光泽、坚硬程度、质感细密等因素的影响。色彩的重量感在产品设计中的作用较大，一般要求在基部或底座用暗色的，上部则采用较下部浅的颜色，这样给人以稳重固定和安全的感觉。

⑤ 色彩的运动感：不同的色相具有的动静感觉是截然不同的。如橙色系可以给人一种很强烈的运动感，红色因其热烈奔放的感觉同样具有很强的运动感；青色系会跟人宁静的感觉。同一色相的明色运动感强。互为补色的两个颜色组合在一起时动感最为强烈。

⑥ 色彩的面积感：色彩的面积感与色相、明度、饱和度都有关系，其在产品设计中也常常被用到，例如体量较小的产品往往会利用膨胀色来作为表面色，取得扩大面积的效果。亮度高面积感大，亮度低面积感小；同一色相饱和的面积感大，不饱和的面积感小；互补色的两种色相结合给人的面积感双方都会增强。

⑦ 色彩的联想：色彩总是与某些感觉共生，而这些感觉又与某些事物相关联，这就形成了色彩的联想。如红色是暖的、热的，由红色联想到火、血、激情，进而联想到战争、危险、暴力、爱心等，这些构成红色的丰富含义。

⑧ 色彩的象征性：色彩联想与特定社会文化紧密结合，成为一种固定的社会观念时，就构成了色彩的象征性。在中国，红色与所联想到的革命已被固定成为一种社会观念，因而红色则成了革命的象征。色彩象征的语义受社会人文环境与自然环境的制约，同一色彩因地域、社会、时代的不同而具有不同的象征语义。如西方国家以白色象征纯洁来作为新娘的婚纱礼服，而中国红色象征喜庆，传统婚宴新娘礼服均是红色的，本命年穿红色的衣服给予健康、幸福等美好希望。在进行灯具色彩设计时也要注意不同地域、社会的文化对色彩的影响，同时还要注意色彩的喜好和禁忌，以正确表达人们的需求。

色彩的运用一般要尊重个性化的生活，及时吸收有创意的流行趋势，为设计所用。灯具色彩设计也有相应的配色原则，包括功能性、环境性、工艺性、流行性、象征性、嗜好性与审美性等原则。红色代表禁止，绿色代表安全……这些象征性的语义与人们平时的习惯相呼应。运用习惯性象征，可以为产品增添许多额外的感情色彩，也可以强调灯具设计的主题并且切合环境需要，甚至可以弥补灯具产品的某些不足。

灯具的色彩是指灯具外观所呈现的色彩，包括陶瓷、金属、玻璃、水晶等材料的固有颜色和材质，如金属电镀色、玻璃透明感及水晶的折射光效等。灯具的色彩配置是指构成灯具外观色彩效果的染料、涂料等。着色材料的配置计划包括如塑料原料以及玻璃原料中掺入着色染料、陶瓷的釉料、金属镀色和染色等。

灯具色彩配置计划的决定因素是多方面的，有功能方面、技术方面、传统方面和流行性方面等。针对每一盏具体的灯具，其色彩配置所要求的重点也有所不同。灯具的色彩应与家居环境的装修风格相协调。居室灯光的布置必须考虑到居室内家具的风格、墙面的色泽、家用电器的色彩，否则灯光与居室的整体色调不一致，反而会弄巧成拙。比如室内墙纸的色彩是浅色系的，就应以暖色调的白炽灯为光源，这样就可营造出明亮柔和的光环境（图2-16）。

(a)　　　　　　　　　　　　　(b)

图2-16　居家灯具色彩

现代家居的发展速度不断加快，灯具也不再只是提供照明的工具了。灯具不仅照亮了我们的家，也烘托了气氛，可以说灯具在现代家居中的地位举足轻重。消费者在选购灯具时既注重质量，又在色彩方面有着很大的要求。

2.3.5　结构

结构是产品功能得以实现的物质承担者。现在的灯具尤其是室内灯，除了满足照明功能以外，还要满足装饰等附加功能。因此灯具结构的设计要合理、巧妙，无论从功能上还是成本上，都需要一个好的结构来实现。

无论一个灯具的外观如何新颖、时尚和富有个性，如果使用时接触不好，忽亮忽暗，或者不容易安装，或操作不灵活等，都会让消费者失望。好的结构会使产品在安装和使用时更加方便合理，也会延长产品的使用寿命。

2.4　灯具的材料与工艺

2.4.1　灯具常用材料

灯具的材料丰富多彩。木材、石材、陶瓷、塑料、金属等材料均能很好地用来表现灯具的形态、样式和风格。不同材料给人不同的视觉感受，天然材料返璞归真，人工仿真材料自然完美，现代材料舍弃质感，突出形式。

最早的石材灯具来自新石器晚期，如图 2-17 所示。这种灯具往往一物多用，也可以作为食具、饮具。石材灯具虽然造型简单，加工粗陋，但已经具备了灯具的基本功能——即承载光源和照明。随着科技和生产力的发展，青铜灯具、玉质灯具、铁质灯具相继出现，并且都通过雕刻方式来进行装饰。工业革命以来，随着科学技术的高速发展，新型的合金和塑料也加入了灯具制作材料的队列。使用塑料制作灯具，不仅可以模仿各种材料的表面质感，而且可以设计成用其他材料难以实现的曲面造型，以适应多种不同的照明需求和装饰需求。

图 2-17　新石器晚期原始天然石灯

用不同的材料来制作灯具，其品质以及对用户的购买、使用心理作用意义匪浅。布皮材料象征柔软、舒适，具有一种古典美；金属材料具有稳定性、现代时尚性；玻璃、水晶则象征绚丽和奢华；现代纸质灯具制作简便，造型奇异，符合喜好时尚的青年人的审美倾向。即便是同一种材料，不同的生产工艺可使灯具材料的透光折射率发生不同的改变，也能造成不一样的效果。折射率大的灯具明亮耀眼，带来视觉冲击，而折射率小的灯具温柔典雅，给人稳重感。图 2-18～图 2-21 所示为采用不同材料制作的灯具。

图 2-18　陶瓷吊灯

图 2-19　塑料台灯

图 2-20　宜家金属灯　　　　　　　　图 2-21　宜家编织灯

制作灯具的材料有许多种，主要分天然材料和人工材料。

① 天然材料：竹、木、藤、麻、石材、皮革等。

② 人工材料：玻璃、有机玻璃、纸张、塑料、金属、合成材料等。

下面介绍几种常用灯具材料。

（1）铜（Copper）

铜属于有色金属，由于储量有限，在使用方面受到一定的限制。因此在具体使用中多用铜合金，灯具以黄铜、青铜居多。黄铜（H）是以锌为主要加入元素的铜合金，具有良好的力学性能和压力加工性能，现代工业各部门都广泛采用。青铜（Q）最初为铜锡合金，现在除黄铜、白铜外，其他铜合金均称青铜。广泛用作各种压力加工制品和异形铸件，图 2-22 所示为铜质灯具。

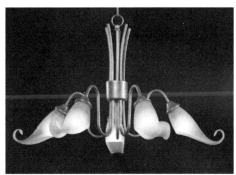

图 2-22　铜材质灯具

（2）不锈钢（Stainless Steel）

不锈钢是指耐空气、蒸气、水等弱腐蚀介质和酸、碱、盐等化学浸蚀性介质腐蚀的钢，又称不锈耐酸钢。实际应用中，常将耐弱腐蚀介质腐蚀的钢称为不锈钢，而将耐化学介质腐蚀的钢称为耐酸钢。由于两者在化学成分上的差异，前者不一定耐化学介质腐蚀，而后者则一般均具有不锈性。不锈钢的耐蚀性取决于钢中所含的合金元素，各种不锈钢的特性见表 2-3。不锈钢材质的灯具如图 2-23 所示。

表 2-3　各种不锈钢的特性及用途

	钢号	特性	用途
奥氏体钢	301 17Cr-7Ni-低碳	与 304 钢相比,Cr、Ni 含量少,冷加工时抗拉强度和硬度增高,无磁性,但冷加工后有磁性	列车、航空器、传送带、车辆、螺栓、螺母、弹簧、筛网

	钢号	特性	用途
奥氏体钢	301L 17Cr-7Ni-0.1 N-低碳	是在301钢基础上,降低C含量,改善焊口的抗晶界腐蚀性;通过添加N元素来弥补含C量降低引起的强度不足,保证钢的强度	铁道车辆构架及外部装饰材料
	304 18Cr-8Ni	作为一种用途广泛的钢,具有良好的耐蚀性、耐热性,低温强度和机械特性;冲压、弯曲等热加工性好,无热处理硬化现象(无磁性,使用温度−196℃～800℃)	家庭用品(1、2类餐具、橱柜、室内管线、热水器、锅炉、浴缸),汽车配件(风挡雨刷、消声器、模制品),医疗器具,建材,化学,食品工业,农业,船舶部件
	304L 18Cr-8Ni-低碳	作为低C的304钢,在一般状态下,其耐蚀性与304刚相似,但在焊接后或者消除应力后,其抗晶界腐蚀能力优秀;在未进行热处理的情况下,亦能保持良好的耐蚀性,使用温度−196℃～800℃	应用于抗晶界腐蚀性要求高的化学、煤炭、石油产业的野外露天机器,建材耐热零件及热处理有困难的零件
	304Cu 13Cr-7.7Ni-2Cu	因添加Cu,其成型性,特别是拔丝性和抗时效裂纹性好,故可进行复杂形状的产品成形;其耐腐蚀性与304相同	保温瓶、厨房洗涤槽、锅、壶、保温饭盒、门把手、纺织加工机器
	304N1 18Cr-8Ni-N	在304钢的基础上,减少了S、Mn含量,添加N元素,防止塑性降低,提高强度,减少钢材厚度	构件、路灯、储水罐、水管
	304N2 18Cr-8Ni-N	与304相比,添加了N、Nb,为结构件用的高强度钢	构件、路灯、储水罐
	316 18Cr-12Ni-2.5 Mo	因添加Mo,故其耐蚀性、耐大气腐蚀性和高温强度特别好,可在严酷的条件下使用;加工硬化性优(无磁性)	海水里用设备、化学、染料、造纸、草酸、肥料等生产设备;照相、食品工业、沿海地区设施、绳索、CD杆、螺栓、螺母
	316L 18Cr-12Ni-2.5 Mo低碳	作为316钢种的低C系列,除与316钢有相同的特性外,其抗晶界腐蚀性优	316钢的用途中,对抗晶界腐蚀性有特别要求的产品
	321 18Cr-9Ni-Ti	在304钢中添加Ti元素来防止晶界腐蚀;适合于在430～900℃温度下使用	航空器、排气管、锅炉汽包
铁素体钢	409L 11.3Cr-0.17 Ti-低C,N	因添加了Ti元素,故其高温耐蚀性及高温强度较好	汽车排气管、热交换机、集装箱等在焊接后不热处理的产品
	410L 13Cr-低C	在410钢的基础上,降低了含C量,其加工性,抗焊接变形,耐高温氧化性优秀	机械构造用件,发动机排气管,锅炉燃烧室,燃烧器
	430 16Cr	作为铁素体钢的代表钢种,热膨胀率抵,可塑性及耐氧化性优	耐热器具、燃烧器、家电产品、2类餐具、厨房洗涤槽、外部装饰材料、螺栓、螺母、CD杆、筛网
	430J1L 18-Cr0.5 Cu-Nb-低C,N	在430钢中,添加了Cu、Nb等元素;其耐蚀性、可塑性、焊接性及耐高温氧化性良好	建筑外部装饰材料,汽车零件,冷热水供给设备
	436L 18Cr-1Mo-Ti、 Nb,Zr低C,N	耐热性、耐磨蚀性良好,因含有Nb、Zr元素,故其加工性、焊接性优秀	洗衣机、汽车排气管、电子产品、3层底的锅
马氏体钢	410 13Cr-低碳	作为马氏体钢的代表钢,虽然强度高,但不适合于苛酷的腐蚀环境下使用;其加工性好,依热处理面硬化(有磁性)	刀刃、机械零件、石油精炼装置、螺栓、螺母、泵杆、1类餐具(刀叉)
	420J1 13Cr-0.2C	淬火后硬度高,耐蚀性好(有磁性)	餐具(刀)、涡轮机叶片
	420J2 13Cr-0.3C	淬火后,比420J1钢硬度升高(有磁性)	刀刃、管嘴、阀门、板尺、餐具(剪刀、刀)

图 2-23 不锈钢材质的灯具

（3）铝合金（Aluminum）

铝合金仍然保持了铝金属质轻的特点，但力学性能明显提高。利用铝合金阳极氧化处理后可以进行着色的特点，制成各种装饰品。铝合金板材、型材表面可以进行防腐、轧花、涂装、印刷等二次加工，制成各种装饰板材、型材，作为装饰材料。成本低，而且使用一种加工工艺可以大量生产同样的零部件铝合金材质的灯具如图 2-24 所示。

图 2-24 铝合金材质的灯具

（4）有机玻璃

有机玻璃是一种开发较早的重要热塑性塑料，具有较好的透明性、化学稳定性和耐候性，易染色，易加工，外观优美。有机玻璃具有极佳的透明度，无色透明有机玻璃板材的透光率达 92％以上。对自然环境适应性很强，即使长时间在日光照射、风吹雨淋也不会使其性能发生改变，抗老化性能好，在室外也能安心使用。加工性能良好，既适合机械加工又易热成型，有机玻璃板可以染色，表面可以喷漆、丝印或真空镀膜。有机玻璃板品种繁多、色彩丰富，并具有极其优异的综合性能，为设计者提供了多样化的选择，有机玻璃板可以染色，表面可以喷漆、丝印或真空镀膜。即使与人长期接触也无害，燃烧时产生的气体不产生有毒气体。有机玻璃材质的灯具如图 2-25 和图 2-26 所示。

有机玻璃常见的加工工艺有以下几种。

① 浇铸成型。浇铸成型用于成型有机玻璃板材、棒材等型材，即用本体聚合方法成型型材。浇铸成型后的制品需要进行后处理，后处理条件是 60℃下保温 2h，120℃下保温 2h。浇铸型的板材性能比挤压型的要好，价格也要贵些，浇铸型的板材主要用于雕刻、装饰、工艺品制作。

② 注塑成型。注塑成型采用悬浮聚合所制得的颗粒料，成型在普通的柱塞式或螺杆式

图 2-25　有机玻璃材质的灯具（1）

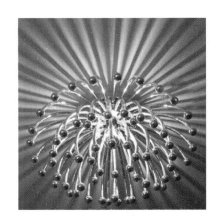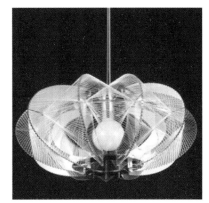

图 2-26　有机玻璃材质的灯具（2）

注塑机上进行。注塑制品也需要后处理消除内应力，处理在 70～80℃热风循环干燥箱内进行，处理时间视制品厚度，一般需 4h 左右。

③ 挤出成型。聚甲基丙烯酸甲酯也可以采用挤出成型，用悬浮聚合生产的颗粒料制备有机玻璃板材、棒材、管材、片材等，但这样制备的型材，特别是板材，由于聚合物分子量小，力学性能、耐热性、耐溶剂性均不及浇注成型的型材，其优点是生产效率高，特别是对于管材和其他用浇注法时模具。难以制造的型材。挤出成型可采用单阶或双阶排气式挤出机，螺杆长径比一般在 20～25。挤压型的通常用于广告招牌、灯箱等制作。

④ 热成型。热成型是将有机玻璃板材或片材制成各种尺寸形状制品的过程，将裁切成要求尺寸的坯料夹紧在模具框架上，加热使其软化，再加压使其贴紧模具型面，得到与型面相同的形状，经冷却定型后修整边缘即得制品。加压可采用抽真空牵伸或用对带有型面的凸模直接加压的方法。采用快速真空低牵伸成型制品时，宜采用接近下限温度，成型形状复杂的深度牵伸制品时宜采用接近上限温度，一般情况下采用正常温度。

（5）木材（Wood）

木材有很好的力学性质，但木材是有机各向异性材料，顺纹方向与横纹方向的力学性质有很大差别。木材的顺纹抗拉和抗压强度均较高，但横纹抗拉和抗压强度较低。木材的强度还因树种而异，并受木材缺陷、荷载作用时间、含水率及温度等因素的影响，其中以木材缺陷及荷载作用时间两者的影响最大。因木节尺寸和位置不同、受力性质（拉或压）不同，有节木材的强度比无节木材低30%~60%。在荷载长期作用下木材的长期强度几乎只有瞬时强度的一半。木材材质的灯具如图2-27所示。

 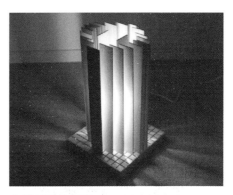

图2-27 木材材质的灯具

木材的缺陷包括天然缺陷，如木节（树木生长时被包在木质部中的树枝部分）、斜纹理以及因生长应力或自然损伤而形成的缺陷；生物危害的缺陷，如腐朽、变色和虫蛀等；干燥及机械加工引起的缺陷，如干裂、翘曲、锯口伤等。为了合理使用木材，通常按不同用途的要求，限制木材允许缺陷的种类、大小和数量，将木材划分等级使用。腐朽和虫蛀的木材不允许用于结构，因此影响结构强度的缺陷主要是木节、斜纹和裂纹。

（6）羊皮纸（Parchment）

目前市场上卖的羊皮灯，均是仿羊皮（行业内称为羊皮纸）的，也就是在高分子聚合物材料上覆了一层薄膜，来营造出羊皮的效果。而且，就灯具而言，由于其制造工艺相对简单，基本同质化，不同的只是造型和品牌的差异，这也是因为款式相同，品牌不同，相差较大的原因。由于羊皮纸有进口和国产之分，因此，好一点品牌的羊皮灯具大部分选用进口羊皮纸，质量比国产的要好些，自然就高些。羊皮纸材质的灯具如图2-28所示。

图2-28 羊皮纸材质的灯具

羊皮灯最好选用节能灯作光源，如果灯泡的表面热度比较高，长了会使羊皮纸老化变形，并且容易出异味，污染环境。选择羊皮灯五个要点：一看手感如何：两种质量的羊皮纸，摸上去的手感是不一样，好的摸上去顺滑些，差的摸起来比较粗糙；二看材料的柔性：质量差些羊皮纸的很脆，一掰就能断裂开，而好的有柔性，不容易撕裂和折断；三看覆膜判断耐擦洗性：差些的羊皮纸，覆膜轻易地揭开撕下来，这样的灯不耐擦洗，而好些的羊皮纸覆膜比较牢固，膜和主体基本为一体，很难揭开，因此可水洗；四测试燃烧性：羊皮纸用打火机都能点着，但一旦离开火源，质量差些的羊皮纸仍在燃烧，并且会冒黑烟，而质量好些的会立即熄灭，质量差些的羊皮纸燃烧后会闻到少许塑料味道，而质量好些的基本闻不出来，这体现出其环保性差异；五测试耐高温，抗老化性：由于质量好的羊皮灯具有良好的阻燃性，非明火不易燃烧，使其具有较好的抗老化性，这正是其长久保新的特性。

（7）玻璃（Glass）

玻璃的通透感很好，无污染，时尚性强，造型丰富应用广泛，成本低廉。模具成型尺寸精确，可以制造轻薄型产品，而且颜色丰富多变工艺精美。缺点是易碎，不易制造厚重产品，无法制作中空产品（陶瓷盆多位中空产品，由上下两部分合模后烧制而成）表面不容易打理，容易有水渍污渍。并且，玻璃制品的耐温差性差容易受温差变化而爆裂。另外，虽然时尚性强，但是也很容易过时。玻璃材质的灯具如图 2-29 所示。

图 2-29　玻璃材质的灯具

（8）琉璃（Glass）

琉璃是中国古代对玻璃的称呼，是狭隘的玻璃说法，现在的琉璃一般是指加入各种氧化物烧制而成的有色玻璃作品，现今无论是光学玻璃、平板玻璃、水晶玻璃或是硼砂玻璃等材质所创作的作品，通称为玻璃艺术品，由此可见琉璃只是玻璃的一个种类，其范畴远较玻璃要小。琉璃的材质是人造水晶玻璃。其特质是对光的折射率高，所以能呈现出晶莹剔透的效果，在光线的配合下，更能将其艺术特质充分表达出来（图 2-30）。

（9）水晶（Quartz Crystal）

正宗的水晶灯应当由 K9 水晶材料制作而成。由于天然水晶的价值昂贵，且瑕疵多，不适合批量制作，且资源严重不足，现在水晶灯上的水晶属于人工合成制品，无论进口还是国产，价格高低的均是如此。从化学成分上看，水晶是由玻璃和部分金属铅合成的，当玻璃当中铅的含量达到 24％ 即可称为水晶，含铅的作用

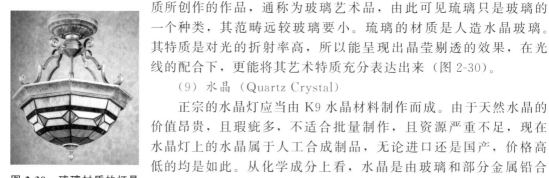

图 2-30　琉璃材质的灯具

就是为了让玻璃的透光性更好，自然光透过后折射出来的七彩光也最强。水晶灯的质地一般分自然水晶、重铅水晶、低铅水晶和水晶玻璃等，现在市面上的水晶灯 95％ 以上是水晶玻璃的，甚至有塑料制的，价钱远低于自然水晶和含铅水晶（图 2-31）。

水晶灯的主要金属材料分铜和铁两种，铜材价格是铁的 4～5 倍左右。铁的优点首先是便宜，在坚固程度和抗变形能力上明显好于铜，所以每一只灯的中通部分和方管部分都是用铁材料的，即使外壳全铜的灯也是这样。但这种灯的缺点是，如果没有被电镀完整覆盖，那么生锈的可能性很大。铜的价格贵，材质较软，在表面处理方面优于铁，正常情况下其生锈

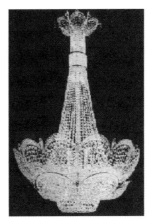

图 2-31 水晶材质的灯具

的概率很小。同样一只灯架，用铜和用铁成本会相差 4～5 倍。

（10）其他材料

灯具中的其他材料可以由布艺、石材、皮革、瓷、羊皮纸，甚至是回收材料等多种材料的组合搭配（图 2-32）。

图 2-32 其他材质的灯具

2.4.2 灯具常用加工工艺

1）材料的选择原则

① 材料的性能应能够满足灯具功能的需要。

② 材料应有良好的工艺性能，符合加工成型和表面处理的要求，与现有的加工设备、工艺技术相适应。

③ 选用资源丰富、价格便宜的材料。

④ 尽量选用对环境和自然资源无破坏的可再生、可回收、低能耗环保型材料。

2）灯具的加工方法

① 卷——将平面素材进行适当裁切后的部分拉伸出来进行卷曲，能制作出花瓣、羽毛、头发的自然卷曲质感。

② 折——将平面素材进行适当裁切后，折叠出夹角，实现平面向立体的转换。

③ 焊接——采用氩护焊。将切割成条状的平面素材相互焊接在一起。其方法能制作出良好的肌理层次感，特别是不锈钢材料焊接在一起，能打破平面素材原本过于平整单一的表

现，具有很好的装饰效果（针对金属材料）。

④ 抛光、打磨——犹如擦镜子一样，将材料的表面，抛光、打磨具有良好的工艺外观。具体制作手法要依据材料而定（针对金属材料）。

3）灯具材料与工艺的发展趋势

① 材料：多种材料的搭配运用使造型、色彩趋向多元化，同时新材料的开发应用更将推动灯具设计的发展。

② 工艺：照明与装饰并重发展，强调装饰性和美学效果。

2.5 灯具设计流程

灯具设计不是灯罩设计，应遵循如图 2-33 所示的设计流程。

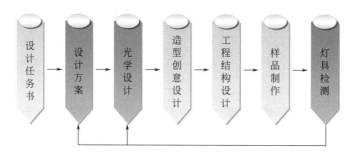

图 2-33　灯具设计流程

1）设计任务书

根据灯具设计任务，进行市场调研。调研的主要内容有使用者的状况、使用环境、产品背景介绍及市场、竞争对手分析、相关产品分析以及参考的结构等。对于比较普及的灯具，可通过分析产品的使用情境来确定使用方式和功能，细致地分析出使用过程中可能出现的问题。

2）设计方案

在充分调研的基础上确定设计方案，设计方案一般包括光源参数、灯具造型样图、电气指标、灯具材质说明等内容。

3）光学设计

设计定位应不局限于设计师自己关注的领域，比如人机关系、色彩、形态、使用环境等，而更加关注目标市场、销售市场、目标人群、销售价格、销售方式、竞争力要素排位等。首先与企业确定产品的市场用户定位，用户群的确立是产品功能和形象定位的前提。

依据使用环境的照明要求，对光源发出的光线进行二次配光设计。人类的照明需求大体包括 4 个方面：场地照明、物体照明、情境照明以及指示与引导照明，而根据被照物的不同又分为平面光型、线光型、投光型与聚光型。此外，有时人们会需要光直接照射到物件或照明表面，被照物的照度、对比感较高，这称为直接照射。有时又会需要光线先照射到一个表面后，再反射到需要被照亮的物件或表面，这称为间接照明。间接照明的光线通常比较柔和，漫射的范围会比较广。设计者应依据不同的照明需求设计不同的产品。

4）造型创意设计

依据设计定位及光学要求进行初步的脑力激荡、思维发散，设计师用大量草图（图 2-34）进行创意表达与内部交流。随着 LED 散热问题已经解决，电源电路的设计越来越简捷有效，也减少了对 LED 灯的结构与体积的限制。这样，让 LED 灯具的外形设计更为丰富自由，能够使用的场所更为宽广。LED 灯具已经可以进入许多其他传统光源灯具无法进入的场所，提供这些场所以前无法达到的光需求。掌握 LED 所具备的设计灵活性后，无论是采用减法设计来降低成本，增加售价竞争力；或是用华丽多姿的加法设计（图2-35）来增添外形吸引力，刺激视觉购买欲，都是说服买家接受 LED 灯的好方法。将初步的创意方案放在目标系统中评估，与工程结构人员、企业策划人员、市场销售人员、技术开发人员共同讨论，确定修改意见。

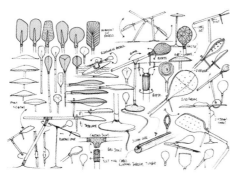

图 2-34　草图

图 2-35　优化、效果图

5）工程结构设计

效果图仅仅是灯具的外观造型表现，要满足生产需求还要进一步对灯具的结构进行设计、剖析，包括结构示意图，灯具配件图、尺寸图、爆炸图以及色彩方案等，如图2-36～图 2-38 所示。

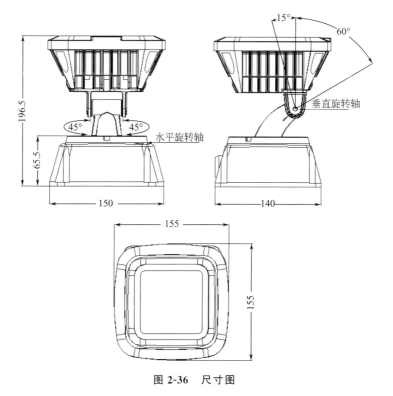

图 2-36　尺寸图

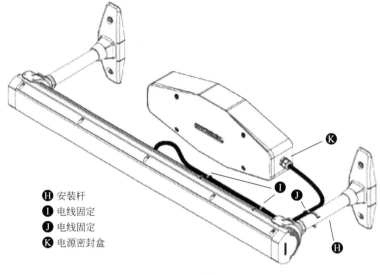

H 安装杆
I 电线固定
J 电线固定
K 电源密封盒

图 2-37　爆炸图

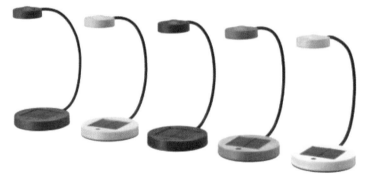

图 2-38　色彩方案

配件图是不可再分配件的施工图，也是最详细的配件机械工程图。要求画出配件的形状，注明尺寸，复杂的配件还要提出技术要求及注意事项。

拆装示意图（爆炸图）是表现产品内部关系的立体示意图，它是按组装的对应关系，将整装的各个配件分别移开一定的距离，使其内部关系和装配关系一目了然，拆装示意图要求对所有配件进行编号，并在图中列出配件明细表。

6）样品制作

根据灯具设计的配件组成、材料、结构等要素进行模具开发及工艺方案确定。包括原材料的选择、加工方法、加工工艺等。工艺设计应遵循先进性、合理性、安全性、环保型等原则，力求在一定的条件下，以最高的生产效率和最低的生产成本加工出符合要求的产品。

7）灯具检测

灯具产品投放市场前必须进行各项指标的专业检测，由国家认可的专业检测机构进行光学指标、电气参数、可靠性等各方面的项目检测，并出具检测报告。生产厂家根据检测结果对灯具样品进行修改，反复此过程，直至产品符合要求后方能批量生产、投放市场。

→ **第 3 章**

灯具光学设计

学习要点

　　① 了解和掌握光度学基本知识的基础，学习光学的基本定律，为对照明计算和灯具的控光部件（主要是反射器）的分析与设计作准备。

　　② 能看懂三大类灯具（室内灯、路灯和投光灯）的光度测试图表，并且能从中了解灯具的光学性能并能利用图表进行简单照明计算。

　　③ 能够根据灯具的配光曲线来设计灯具的控光部件，例如反射器等。

3.1　灯具光度学概述

3.1.1　光度学常用基本概念

1）光波

　　人们对光的本性的认识是逐步发展的。直到 1871 年麦克斯韦提出电磁场学说，在 1888 年这个学说又为实验所证明后，人们才认识到光实际上是一种电磁波。从本质上说，光和一般无线电波并无区别。光波向周围空间传播和水面因扰动产生的波浪向周围传播相似，都是横波，其振动方向和光的传播方向垂直。

　　光波区别于无线电波在于波长的不同。如图 3-1 所示为从 γ 射线到无线电波的电磁波谱，图中的波长与频率均采用对数标尺。波长在 400～760nm 范围内的电磁波能为人眼所感觉，称为可见光，超出这个范围的电磁波，人眼就感觉不到了。

　　在可见光谱段范围内，不同的波长引起不同的颜色感觉。具有单一波长的光称为"单色光"。几种单色光混合而称为"复色光"。太阳光由无限多种单色光混合而成。人眼可直接感知的 0.4～0.76μm 波段称为可见光波段，在可见光波段可被人眼感知为红、橙、黄、绿、青、蓝、紫七种颜色的光。比可见光的波长短的波段称为紫外光，但是比 X 射线的波长要长，紫外光波段范围约为 1～400nm。真空紫外辐射的波段范围是 100～300nm，因为这个波段范围的光需要在真空设备中工作。而把比可见光的波长更长的从 0.76～1000μm 的电磁波称为红外波段，红外波段的短波段与可见光红光相邻，长波段与微波相接。波长由 0.76～3μm 波段成为近红外或短波红外。波长为 3～6μm 的波段称为红外或中波红外。波长为 6～15μm

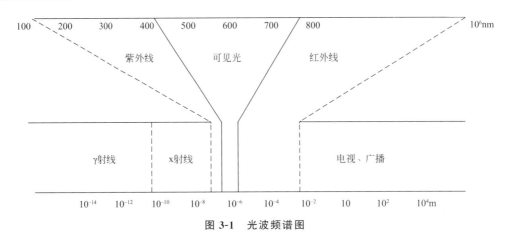

图 3-1 光波频谱图

的波段称为远红外或长波红外，或热红外。长为 $15\sim1000\,\mu m$ 的波段称为极远红外。近年来。人们对波长为 $30\,\mu m\sim3mm$ 波段产生了浓厚的研究兴趣，该波段称为太赫兹波段，在电磁波谱中其频率范围为 $0.1\sim10\,THz$。在长波段，它与毫米波有重叠；在短波段，它与红外线有重叠。

光和其他电磁波一样，在真空中以同一速度 c 传播，$c\approx3\times10^{12}\,m/s$，在空气中也近似如此。而在水和玻璃等透明介质中，光的传播速度要比在真空中慢，且随波长的不同而不同。

2）光源

从物理学的观点来看，辐射光能的物体称为发光体，或称为光源。当光源的大小与辐射光能的作用距离相比可以忽略时，可认为是点光源。例如，人从地球上观察体积超过地球的太阳，仍认为其是发光点。但在几何光学中，发光体和发光点的概念与物理学中有所不同。无论本身发光的物体或者是被照明的物体在研究光的传播时统称为"发光体"。在讨论光的传播时，常用发光体上某些特定的几何点来代表这个发光体。在几何光学中认为这些特定点为发光点，或称为"点光源"。这些发光点被认为没有体积和线度，所以能量密度应为无限大，这只是一种假设，在自然界中是不存在这样的光源的。

3）辐射能和光

辐射能通量或称辐射功率，符号为 P。辐射能通量的定义是"以辐射的形式发射、传播和接受的功率"，单位为瓦特（W）。

光是电磁辐射波谱中的一部分。发射辐射能的物体，称为一次辐射源。受别的辐射源照射后透射或反射能量的物体，称为二次辐射源。两种辐射源统称为辐射体，它可以是实物，也可以是实物所成的像。

辐射可能由多种波长组成，每种波长的辐通量又可能各不相同。总的辐通量应该是各个组成波长的辐通量的总和。如图 3-2 所示 Ⅰ、

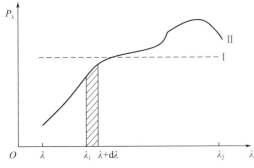

图 3-2 两种辐射通量与波长的关系

Ⅱ 两种辐射，Ⅰ 是等能量分布的辐射，Ⅱ 是不等能量分布的辐射，设 P_λ 是辐通量随波长变化的函数，在极窄的波段范围 $d\lambda$ 内所对应的辐通量为 $dP=P_\lambda d\lambda$，总的辐通量为

$$P=\int P_\lambda d\lambda \qquad (3.1)$$

当辐通量对接受器发生作用时，还必须考虑接受器对辐通量的感受规律。

定义辐射能中能被人眼感受的那一部分能量为光能。辐射能中由 $V(\lambda)$ 折算到能引起人眼的光刺激的那一部分辐通量称为光通量，用 Φ 表示。

在全部波段范围内，总光通量为

$$\Phi = \int P_\lambda V(\lambda) \mathrm{d}\lambda \qquad (3.2)$$

如果某光敏元件的光谱灵敏度 $G(\lambda)$ 相当于人眼的光谱光视效率，则作用到该元件上能引起电信号的有效辐通量可表示为

$$P_d = \int P_\lambda V(\lambda)\, \mathrm{d}\lambda \qquad (3.3)$$

辐射通量和光通量同为功率，单位都是瓦特（W），但是在有关可见光能的问题中，光通量 Φ 的通用单位为"流明"（lm）。

4）立体角

在几何光学中用平面图形讨论的角度为平面角，但光能是在一个立体的锥角范围内传播的，所以角度宜用立体角表示。在此先回顾一些有关立体角的数学内容。

（1）立体角的单位

以立体角顶点为球心，作一个半径为 r 的球面，用此立体角的边界在此球面上所截的面积 $\mathrm{d}S$ 除以半径的平方米标志立体角的大小，即

$$\mathrm{d}\omega = \mathrm{d}S/r^2$$

立体角的单位为"球面度"（Steradian），符号为 sr。当所截出的球面积等于半径的平方时，为一球面度。一个发光点周围全部空间的立体角为

$$\frac{全部球面积}{r^2} = \frac{4\pi r^2}{r^2} = 4\pi （sr）$$

（2）立体角的计算

如图 3-3 所示，设点光源 O 位于坐标原点，围绕此点光源周围的立体角的求法为：以点光源 O 为球心，r 为半径作一球面。球面上一块小面积 $\mathrm{d}S$ 对点 O 构成的立体角为 $\mathrm{d}\omega$。小面积的位置由空间极坐标 r、φ 及 i 决定。r 为矢径，φ 为弧矢面内的角度，i 为子午面内的角度；$\mathrm{d}r$、$\mathrm{d}\varphi$ 和 $\mathrm{d}i$ 是 r、φ 及 i 的微变量；面积则由边长 a 及 b 决定。

由图 3-3 可知，$a = r\sin i\,\mathrm{d}\varphi$，$b = r\mathrm{d}i$，$\mathrm{d}S = r^2\sin i\,\mathrm{d}i\,\mathrm{d}\varphi$，则小面积对应的立体角为

$$\mathrm{d}\omega = \frac{\mathrm{d}S}{r^2} = \sin i\,\mathrm{d}i\,\mathrm{d}\varphi \qquad (3.4)$$

这是立体角计算的普遍式。但在光学系统中习惯用平面角 α 来标志孔径角的大小，为此，下面建立平面角（孔径角）α 和立体角 ω 之间的关系式，如图 3-4 所示。利用式(3.4)，立体角 ω 可

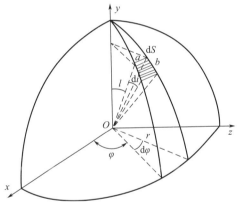

图 3-3 点光源周围的立体角示意图

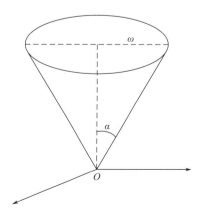

图 3-4 平面角 α 与立体角 ω 之间的关系

写为

$$\omega = \iint \sin i\, \mathrm{d}i\, \mathrm{d}\varphi = \int_0^{2\pi} \mathrm{d}\varphi \int_0^a \sin i\, \mathrm{d}i = 4\pi\sin^2\left(\frac{\alpha}{2}\right) \tag{3.5}$$

式（3.5）就是立体角和平面角的转换关系式。

当角 α 很小时，$\sin(\alpha/2)\approx\alpha/2$，则 $\omega\approx\pi u^2$ （3.6）

当 $\mathrm{d}i$ 的积分限为 $0\sim\pi$ 时，可得全部空间内的整个立体角为 4π（sr）。

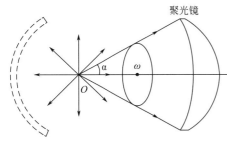

图 3-5　聚光镜中集光角 α 的作用

从物面上一点发向入瞳的光通量是在一个以该物点为顶点、以入瞳为底面的立体角之内传播的。由式（3.5）和式（3.6）可知，立体角近似地正比于孔径角 α 的平方。在聚光镜中，α 角也称为集光角，光能的增大正比于 α 角的平方。

设有一向周围空间均匀辐射的点光源 O，如图 3-5 所示，求其进入数值孔径 $\sin\alpha = 0.50$（集光角 = 30°）的聚光镜的光通量占全部光通量的多少？

由式（3.5）可知，平面角 $\alpha = 30°$ 所对应的立体角 $\omega = 0.84\mathrm{sr}$，只占整个空间立体角 4π sr 的 $0.84/4\pi = 6.7\%$。可见，进入聚光镜的光通量只是光源向四周辐射的光通量中很小的一部分，光源的利用率很低。

不同孔径角 α 算出的立体角 ω 占整个空间立体角 4π 的百分数见表 3-1。如果点光源向各方向作均匀辐射，则这个数值可表示光源的利用率。

表 3-1　不同孔径角 α 算出的立体角

α	$\omega = 4\pi\sin^2(\alpha/2)$ /sr	占整个空间立体角 4π 的百分数
12°	0.13	1%
15°	0.21	1.7%
20°	0.36	3%
30°	0.85	7%
40°	1.5	12%
50°	2.2	18%
60°	3.1	25%

为了提高光源的利用率，除增大 α 角外，有时在光源后方加一球心在点 O 的球面反射镜，如图 3-5 中的虚线所示，使按原路反射回的光线再进入聚光镜，以增加光通量，但是这样结构不利于光源的散热。

5）发光强度

（1）发光强度的定义

发光强度的符号为 I。多数光源在不同方向辐射的光通量是不相等的，例如，常用的 220V，100W 钨丝白炽灯泡向各方向辐射的光通量如图 3-6 所示，曲线 I 表示灯泡周围光通量分布情况。灯丝位于极坐标中心，矢量表示该方向单位立体角内的光通量大小。如果该灯泡向四周的发光状况绕灯泡纵轴（0°～180°）对称，则曲线 I 就足以表征全部空间的发光状况。

曲线 II 表明该灯泡上部套上涂白的反光罩后光通量重新分布情况，可在某些方向上提高光能利用率。为了表征辐射体在空间某一方向上的发光状况，引入一个量"发光强度"。发光强度的定义是某一方向单位立体角内所辐射的光通量值。

发光强度的概念：设一点光源（实际上几何尺寸为零的点光源是不存在的，但当光源尺寸 a 较小，并从 $10a$ 以为的距离处观测时，可以近似地当做点光源处理，所引入的误差不大于1%）非均匀地向各方向辐射光能（如图 3-7 所示）。如果在某一方向上一个很小立体角 $d\omega$ 内辐射的光通量 $d\Phi$，则

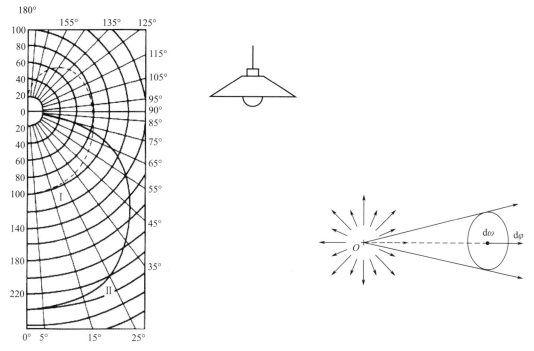

图 3-6 白炽灯泡向各方向的光通量　　　图 3-7 发光强度概念的示意图

$$I = \frac{d\Phi}{d\omega} \qquad (3.7)$$

式中，I 称为点光源在该方向上的发光强度。

如果点光源在一个较大的立体角 ω 范围内均匀辐射，其总光通量为 Φ，则在此立体角范围内的平均发光强度为常数，即

$$I_0 = \frac{\Phi}{\omega} \qquad (3.8)$$

（2）发光强度的单位

发光强度 I 的单位为坎德拉（candle），符号为 cd，它是光度学中最基本的单位，其他单位都是由这一基本单位导出的。

坎德拉的定义为：一个频率为 540×10^{12} Hz 的单色辐射光源，若在给定方向上的辐射强度为 $\frac{1}{683}$（W/sr），则该光源在该方向的发光强度为 1cd。定义中以频率取代波长，可以避免空气折射率的影响，使定义更严密；也可以使这一频率对应于空气中波长为 $0.555\mu m$ 的单色辐射，即是对人眼光刺激最灵敏的波长。

（3）光通量的单位

由基本单位坎德拉可以导出光通量的单位：流明（lumen），符号为 lm。由 $I_0 = \frac{d\Phi}{d\omega} \Rightarrow d\Phi = I d\omega$ 可知，发光强度为 1cd 的点光源在单位立体角 1sr 内发出的光通量为定义 1lm，即：1lm＝1cd·sr。

（4）光源发光强度和光通量之间的关系

点光源的光通量和发光量强度之间的关系已由式（3.7）和式（3.8）给出。对各向发光不均匀的点光源，有 $\mathrm{d}\Phi=I\mathrm{d}\omega$，式中发光强度 I 是空间方位角 i 和 φ 的函数。总光通量为

$$\Phi=\int I\mathrm{d}\omega=\int_0^\varphi\int_0^i I\sin i\,\mathrm{d}i\,\mathrm{d}\varphi \tag{3.9}$$

各向均匀发光的点光源在立体角 ω 内的总光通量为

$$\Phi=I_0\omega \tag{3.10}$$

式中，I_0 是平均发光强度。发向四周整个空间的总光通量为

$$\Phi=4\pi I_0 \tag{3.11}$$

把平面孔径角 α 和立体角 ω 的换算关系式（3.5）代入式（3.10），可得各向均匀发光的点光源在孔径角 α 范围内发出的光通量为

$$\Phi=4\pi I_0\sin^2\frac{\alpha}{2} \tag{3.12}$$

即光通量正比于发光强度 I_0 和孔径角 $\frac{\alpha}{2}$ 正弦的平方。

【例 3.1】仪器用 6V，15W 钨丝灯泡，已知其发光效率为 14lm/W，该灯泡和一聚光镜联用，灯丝中心对聚光镜所张的孔径角 $u\approx\sin\alpha=0.25$。若把灯丝看成是各向均匀发光的点光源，求灯泡的总光通量和进入聚光镜的光通量。

解：求总光通量 $\Phi=14\mathrm{lm/W}\times15\mathrm{W}=210\mathrm{lm}$

由式（3.5）可求出灯丝对聚光镜所张的立体角只占整个空间立体角 4π 的 1.6%，故进入聚光镜的光通量为：$210\times0.016=3.4\mathrm{lm}$

本题也可用发光强度来求解：$I_0=\dfrac{\Phi}{4\pi(\mathrm{sr})}=\dfrac{210}{4\pi(\mathrm{sr})}=16.7\mathrm{cd}$

再由式（3.12）求得进入聚光镜的光通量为 3.4lm。

各种光源辐射的光通量参考值见表 3-2，激光器的辐通量（功率）以瓦特为单位。

表 3-2 各种光源辐射的光通量参考值

光源名称	Φ/lm	光源名称	Φ/lm
日用 220V，40W 白炽钨丝灯	约 500	250W 溴钨放映灯	约 7500
日用 40W 白色荧光灯	约 2000	120W 超高压（UHP）汞灯	约 6000
仪器用 6V，7.5W 白炽钨丝灯	约 90	200W 超高压（UHP）汞灯	约 12000
6V，15W 白炽钨丝灯	约 200	500W 氙灯	约 25000
6V，30W 白炽钨丝灯	约 400	1000W 碳弧灯	约 50000
12V，50W 白炽钨丝灯	约 1000	LED	约 120

6）光照度定义及其单位

光照度简称照度，用字符 E 表示，定义为：照射到物体表面一个面元上的光通量除以该面元的面积，即单位面积上所接收的光通量大小

$$E=\frac{\mathrm{d}\Phi}{\mathrm{d}S} \tag{3.13}$$

式中，$\mathrm{d}S$ 为被照明面元的面积；$\mathrm{d}\Phi$ 为面元 $\mathrm{d}S$ 上所接收的光通量。如果较大面积的表面被均匀照明，则投射到其上的总光通量 Φ 除以总面积 S 称为该表面的平均光照度 E_0：

$$E_0=\frac{\Phi}{S} \tag{3.14}$$

光照度的单位为勒克斯，符号为 lx。1lx 是 1lm 的光通量均匀照射到 $1\mathrm{m}^2$ 的面积上所产

生的光照度。

某些环境中的光照度值和在各种工作场合较适当的光照度参考值见表3-3。

表 3-3 某些环境中的光照度值

场合	E/lx	场合	E/lx
观看仪器的示值	$30 \sim 50$	明朗夏天采光良好的室内	$100 \sim 500$
一般阅读及书写	$50 \sim 70$	太阳直照时的地面照度	10000
精细工作(修表等)	$100 \sim 200$	满月在天顶时的地面照度	0.2
摄影场内拍摄电影	10000	夜间无月时天光的地面照度	3×10^{-4}
照相制版时的原稿	$30000 \sim 40000$		

点光源直接照射一平面时产生的光照度（距离平方反比律）

直接照射是指未经过任何光学系统的照射。如图3-8所示，点光源 O 的平均发光强度为 I_0，面积 dS 距离 O 为 r，对点 O 所张的立体角为 $d\omega$，dS 的法线和 $d\omega$ 的轴线夹角为 θ。由立体角的定义可得：$d\omega = dS \dfrac{\cos\theta}{r^2}$，式(3.7)可得 $d\Phi = I d\omega = I dS \dfrac{\cos\theta}{r^2}$，于是，面积 dS 上的光照度为

$$E = \frac{d\Phi}{dS} = I \frac{\cos\theta}{r^2} \tag{3.15}$$

即点光源直接照射一面元时，其上的光照度与点光源的发光强度成正比，与点光源到面元的距离 r 的平方成反比，并与面元的法线和发射光束方向的夹角 θ 的余弦成正比。垂直照射时，$\theta = 0°$，光照度最大；掠射时，$\theta = 90°$，光照度为零。

【例3.2】 直径 3m 的圆桌中心上方 2m 处吊一平均发光强度为 200cd 的灯泡，求圆桌中心与边缘的光照度。

解：由于灯丝尺寸远小于距离 2m，可看做点光源。对于圆桌中心，$I_0 = 200\text{cd}$，$r = 2\text{m}$，如图3-9所示。中心点的光照度为

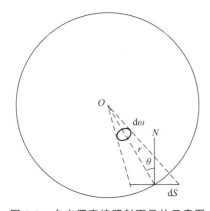

图 3-8 点光源直接照射面元的示意图

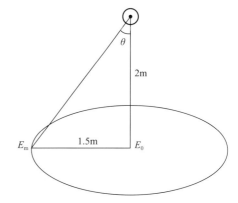

图 3-9 点光源照亮圆面积示意图

$$E_0 = \frac{200\text{cd}}{2^2 \text{m}^2} = 50\text{lx}$$

对于圆桌边缘，$r = \sqrt{2^2 + 1.5^2}\,\text{m}$，$\cos\theta = \dfrac{2}{\sqrt{2^2 + 5^2}}$，得边缘点的光照度为

$$E_m = I \frac{\cos\theta}{r^2} = 200 \times \frac{2}{\sqrt{2^2 + 5^2}} \times \frac{1}{\left(\sqrt{2^2 + 5^2}\right)^2} = 25.61\text{lx}$$

7）光出射度

光出射度用符号 M 表示。其定义为离开表面一点处的面元的光通量除以面元的面积，即从一发光表面的单位面积上发出的光通量称为表面的光出射度。光出射度和照度 E 是一对相对意义的物理量，前者是发出光通量，后者是接受光通量。两者的单位相同（$\mathrm{lm/m^2}$）。光出射度在有的书上曾称为面发光度。

对于非均匀辐射的发光表面，有

$$M=\frac{\mathrm{d}\Phi}{\mathrm{d}S} \tag{3.16}$$

在较大面积上均匀辐射的发光表面，其平均光出照度为

$$M_0=\frac{\Phi}{S} \tag{3.17}$$

发光表面可以是本身发光的，也可以是受外来光照度后透射或反射发光的；可以是实际发光体，也可以是其像面。

若一本身不发光的反射表面 S 受外来照射后所得的照度为 E，入射光中一部分被吸收，另一部分被反射，设表面的反射率为 ρ，ρ 是反射光通量 Φ' 和入射光通量 Φ 之比，即 $\rho=\frac{\Phi'}{\Phi}$，一般以百分数表示，则表面反射时的光出射度为

$$M=\frac{\Phi'}{S}=\rho\frac{\Phi}{S}=\rho E \tag{3.18}$$

所有物体的反射率都小于1。多数物体对光的反射有选择性，对不同波长的色光，有不同的反射率 ρ。如图 3-10（a）所示为有选择性反射表面的示意图，受白光照射时，若表面对红光的反射能力较强，而蓝、绿、黄等色光被吸收，则这种物体被人眼观察时表现为红色。如图 3-10（b）所示为物体表面的反射率随波长 λ 变化的曲线。

对所有波长的反射率 ρ 值都相同切近似于1的物体称为白体，如图 3-11 所示的直线1。

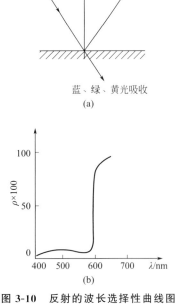

图 3-10 反射的波长选择性曲线图

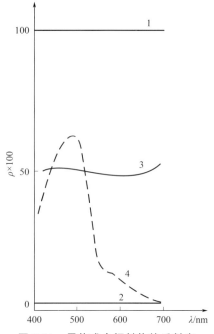

图 3-11 黑体或全辐射体的反射率

氧化镁、硫酸钡的 ρ 值大于 95%，近似于白体。对所有波长的反射率 ρ 值都相同且近似于零的物体称为黑体，严格而言，黑体是不管波长、入射方向或偏振状态如何，吸收所有辐射能的热辐射体。同时，在给定温度下，它对所有波长都具有最大的光谱辐射出射度，因此黑体又称为全辐射体。如图 3-11 中的直线 2（黑炭粉）的 ρ 值小于 1%，近似于黑体。当上述两种表面获得相同照度时，两者的光出射度相差 95% 以上。曲线 3 呈灰色的反射表面；曲线 4 代表一蓝青色反射表面。一些物体的发射率见表 3-4。

表 3-4　一些物体的反射率

物体名称	反射率 ρ	物体名称	反射率 ρ
氧化镁	0.97	白纸	$0.7 \sim 0.8$
石灰	0.95	淡灰色	0.49
雪	0.93	黑丝绒	$0.001 \sim 0.002$

8）光亮度

光出射度 M 虽能表征发出光表面单位面积上发出的光通量值，但并未计入辐射的方向，不能全面地表征发光表面在不同方向上的辐射特性，为此须引入另一物理量——光亮度（luminance）。

在评论视频画面质量时，还有一个名词 Brightness。Brightness 是考虑了观测环境、人眼性能，及光源本身一些影响因素后，人主观上感觉到的明亮程度。

（1）光亮度的定义

光亮度简称亮度，用字符 L 表示。光亮度定义为在发光表面上取一块微面积 dS，如图 3-12 所示。设此微面积在与表面法线 N 夹 i 角方向的立体角 $\mathrm{d}\omega$ 内发出的光通量为 $\mathrm{d}\Phi_i$，则由前可知，i 方向的发光强度为

$$I_i = \frac{\mathrm{d}\Phi_i}{\mathrm{d}\omega} \qquad (3.19)$$

微面积 dS 在 i 方向的光亮度 L_i 的定义是微面积在 i 方向的发光强度 I_i 与此微面积在垂直于该方向的平面上的投影面积 $\mathrm{d}S\cos i$ 之比，即

$$L_i = \frac{I_i}{\mathrm{d}S\cos i} \qquad (3.20)$$

或把 $I_i = \dfrac{\mathrm{d}\Phi_i}{\mathrm{d}\omega}$ 代入上式，得

$$L_i = \frac{\mathrm{d}\Phi_i}{\mathrm{d}\omega\,\mathrm{d}S\cos i} \qquad (3.21)$$

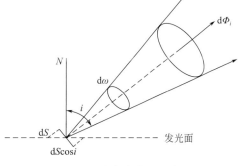

图 3-12　光亮度定义示意图

由式（3.20）可见，i 方向的光亮度 L_i 是投影到 i 方向的单位面积上的发光强度。或者按式（3.21），它也就是投影到 i 方向的单位面积、单位立体角内的光通量大小。

（2）光亮度的单位

光亮度的单位是坎德拉每平方米（$\mathrm{cd/m^2}$），即 $1\mathrm{m^2}$ 的均匀发光表面在垂直方向（$i=0$）的发光强度为 $1\mathrm{cd}$ 时，该面的光亮度为 $1\mathrm{cd/m^2}$。各种发光表面的光亮度参考值见表 3-5。

9）余弦辐射体

（1）定义

一般发光面在各个方向的亮度值不等，即亮度 L_i 本身是空间方位角 i 和 φ 的复杂函数。但某些发光面的发光强度与空间方向的关系按下列简单规律变化：

表 3-5　各种发光表面的光亮度参考值

表面名称	$L/(\text{cd}/\text{m}^2)$	表面名称	$L/(\text{cd}/\text{m}^2)$
地面上所见太阳表面	$(15\sim20)\times10^8$	日用 200W 白炽钨丝灯	800×10^4
日光下的白纸	2.5×10^4	白光 LED	$(4\sim10)\times10^6$
晴朗白天的天空	0.3×10^4	仪器用钨丝灯	10×10^6
月亮表面	$(0.3\sim0.5)\times10^4$	6V 汽车头灯	10×10^6
月光下的白纸	0.03×10^4	投影放映灯	20×10^6
烛焰	$(0.5\sim0.6)\times10^4$	卤素钨丝灯	30×10^6
钠光灯	$(10\sim20)\times10^4$	碳弧灯	$(15\sim100)\times10^7$
日用 50W 白炽钨丝灯	450×10^4	超高压(UHP)汞弧灯	$(40\sim100)\times10^7$
日用 100W 白炽钨丝灯	600×10^4	超高压电光源	25×10^8

$$I_i = I_N \cos i \qquad (3.22)$$

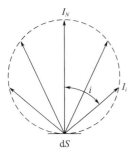

图 3-13 "余弦辐射体"示意图

如图 3-13 所示，dS 是发光面；是 dS 法线方向的发光强度，是与法线成 i 角方向的发光强度。如果用矢经表示发光强度，则各方向发光强度矢经的终点轨迹在一球面上。符合式(3.22)规律的发光体称为"余弦辐射体"或"朗伯辐射体"。

把式(3.22)代入式(3.20)，求出余弦辐射体的光亮度为常数 L_0；

$$L_i = \frac{I_N}{\text{d}S} = L_0 \qquad (3.23)$$

即余弦辐射体各方向的光亮度相同，与方向角 i 无关。注意：此时各方向的发光强度不同。

余弦辐射表面可以是本身发光的表面，也可以是本身不发光，也可以是本身不发光，而由外来光照明后漫透射或漫反射的表面。如图 3-14(a) 所示为漫反射性能较好的表面漫反射情况；如图 3-14(c) 则表示准漫反射情况。

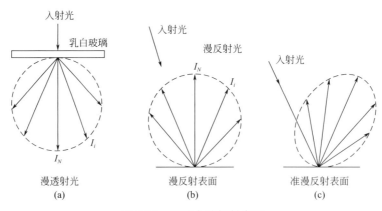

图 3-14　三种余弦辐射表面

一般的漫射表面都具有近似于余弦辐射的特性。在完全镜面反射中，反射光方向的亮度 L_i 最大，其余方向为零，不具有余弦辐射性质。绝对黑体是理想的余弦辐射体。有些光源很接近于余弦辐射体，例如图 3-15 所示的平面状钨丝灯的发光强度曲线接近于双向的余弦发光体。发光二极管（LED）辐射的空间分布近似于单向的余弦辐射体。

（2）余弦辐射表面向孔径角为 α 的立体角内发出的光通量

如图 3-16 所示，设 dS 为一个余弦辐射微表面，其通过垂直方向孔径角为 α 的立体角 ω 所发射的光通量，从式(3.21)可知

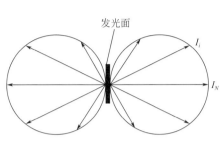

图 3-15 双向的余弦发光体

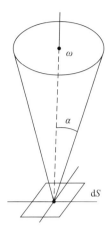

图 3-16 余弦辐射表面通过垂直方向
孔径角为 α 的立体角 ω 发射光通量示意

$$\mathrm{d}\Phi_i = L_i \cos i \, \mathrm{d}S \, \mathrm{d}\omega \tag{3.24}$$

微面积向立体角 ω 范围内反射的光通量为

$$\Phi_i = \int L_i \cos i \, \mathrm{d}S \, \mathrm{d}\omega \tag{3.25}$$

余弦发光体的 L_i 为常数，把立体角普遍式（3.4）代入上式，并对 α 范围内的圆锥角积分，得

$$\Phi = L \, \mathrm{d}S \int_0^{2\pi} \mathrm{d}\varphi \int_0^\alpha \cos i \sin i \, \mathrm{d}i = \pi L \, \mathrm{d}S \sin^2\alpha \tag{3.26}$$

上式表明，余弦辐射面在孔径角 α 范围内发射的光通量正比于光亮度 L、面积 $\mathrm{d}S$ 和孔径角正弦的平方。与式（3.12）对比，点光源在孔径角 α 范围内发射的光通量正比于发光强度 I；而余弦辐射的面光源在孔径角 α 范围内的光通量正比于光亮度 L。光亮度在面光源中所起的作用与发光强度在点光源中的作用相似，是决定进入光学系统的光通量的重要指标。

（3）余弦辐射表面向 2π 立体角空间发出的总通量、光亮度和光出射度的关系

$$\Phi = L \, \mathrm{d}S \int_0^{2\pi} \mathrm{d}\varphi \int_0^{\frac{\pi}{2}} \cos i \sin i \, \mathrm{d}i \tag{3.27}$$

这只是式（3.26）的一个特例，即余弦辐射微面积 $\mathrm{d}S$ 向上半球空间发射的总光通量，如图 3-17 所示。

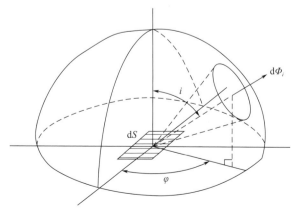

图 3-17 余弦辐射微面积 $\mathbf{dS}$ 向上半球空间发射的总光通量

$$\Phi = \pi L \, dS \qquad (3.28)$$

式(3.28)就是余弦发光面向 2π 立体角半球空间发出的全部光通量。再由光出射度的定义式(3.17)得该余弦辐射体的光出射度为

$$M = \frac{\Phi}{dS} = \pi L \qquad (3.29)$$

10）常用光通量和辐通量单位及其相互关系

由理论和实验可知，1W 的频率为 $540 \times 10^{12} \, Hz$ 的单色辐射的辐通量等于 683lm 的光通量，或 1lm 的频率为 $540 \times 10^{12} \, Hz$ 的单色光通量等于 $1/683W = 0.001464W$ 的辐通量。对其他波长的单色光，1W 辐通量引起的光刺激都小于 683lm，它们的数值关系就是光谱光视效率，即对于其他波长的单色光有：1W 辐通量等于 $683V(\lambda)$lm，代入式(3.2)得光通量为

$$\Phi = 683 \int P_\lambda V(\lambda) \, d\lambda \qquad (3.30)$$

式(3.2)和式(3.30)的差别仅在于单位由 W 换算成了 lm。

以电为能源的光源，往往用实验方法测出每瓦特电功率所产生的光通量作为该类光源的发光效率，即

$$1W \text{电功率的发光效率} = \frac{\text{该光源的光通量(lm)}}{\text{该光源的耗电功率(W)}}$$

例如，一个 100W 钨丝灯发出的总光通量为 1400lm，则发光效率为 $1400/100 = 14$lm/W。40W 白色荧光灯发出的总光通量为 2000lm，其发光效率为 50lm/W，荧光灯的发光效率约为钨丝灯的 4 倍。

前面已经介绍了光及有关电磁辐射中一些主要的量及其单位。这些量的概念和定义适用于可见光、不可见光和更广的电磁波谱。国家标准 GB 3102.6—1993《光及有关电磁辐射的量和单位》中有关的量和单位对应关系见表 3-6。5 个光度量之间的转换关系如图 3-18 所示。

表 3-6　光及有关电磁辐射的量和单位的对应关系

辐射度量		光度量	
量的名称（符号）	单位的名称（符号）	量的名称（符号）	单位的名称（符号）
辐射强度（I）	瓦特/球面度（W/sr）	发光强度（I）	坎德拉（cd），$cd = lm/sr$
辐射能通量（Φ 或 P）	瓦特（W）	光通量（Φ）	流明（lm），$lm = cd \cdot sr$
辐射照度（E）	瓦特/平方米（W/m²）	光照度（E）	勒克斯（lx），$lx = lm/m^2$
辐射出射度（M）	瓦特/平方米（W/m²）	光出射度（M）	勒克斯（lx），$lx = lm/m^2$
辐射亮度（L）	瓦特/球面度平方米 W/(sr·m²)	光亮度（L）	坎德拉/平方米 $cd/m^2 = lm/(sr \cdot m^2)$

3.1.2　常用的光学定律

1）光的直线传播定律

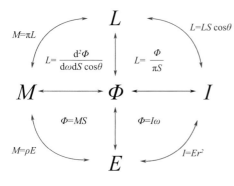

图 3-18　5 个光度量之间的
转换关系图

"在各向同性的均匀介质中，光沿着直线传播"，称为光的直线传播定律，它是普遍存在的现象。用该定律可以很好地解释影子的形成、日食、月食等现象。一切精密的天文测量、大地测量和其他测量也都以此定律为基础。但是，光并不是在所有的场合都是直线传播的。实验表明，在光路中放置一个不透明的障碍物，特别是光通过小孔或狭缝，光的传播将偏离直线，这是物理学中的衍射现

象。因此，光的直线传播定律只有光在均匀介质中无阻拦地传播才能成立。

2）光的独立传播定律

"从不同的光源发出的光束以不同方向通过空间某点时，彼此互不影响，各光束独立传播"，称为光的独立传播定律。几束光会聚于空间某点时，其作用是在该点处简单地叠加，各光束仍按各自的方向向前传播。但是，这一定律对不同发光点发出的光来说是正确的。如果由光源上同一点发出的光分成两束单色光（为相干光），通过不同的而长度相近的途径到达空间某点时，这些光的合成作用不是简单地叠加，而可能是相互抵消而变暗。这是光的干涉现象，是物理学中所讨论的一个重要的问题。

3）光线经过两种均匀介质分界面的传播规律——折射定律和反射定律

设有一光束投射在两种透明而均匀的介质的理想平滑分界面上（为入射光），将有一部分光能被反射回原来的介质，这种现象称为"反射"，被反射的光称为"反射光"。另一部分光能通过分界面射入第二种介质中去，但改变了传播方向，这种现象称为"折射"。被折射的光称为"折射光"。光的反射和折射分别遵守反射定律和折射定律。

（1）反射定律

反射定律可归结为：入射光线、反射光线和投射点法线三者在同一平面内，入射角和反射角二者绝对值相等、符号相反，即入射光线和反射光线位于法线的两侧。反射定律可表示为

$$I = -I'' \tag{3.31}$$

对于粗糙的分界面，一束平行入射光投射其上，反射光将不再是平行的光束，发生了无规则的漫反射。但是对于粗糙表面上任一微小的反射面来说，仍然遵守反射定律。

（2）折射定律

折射定律于1621年由斯涅耳发现，因此又称为斯涅耳定律。折射定律可归结为：入射光线、折射光线和投射点的法线三者在同一平面内，入射角的正弦与折射角的正弦之比与入射角的大小无关，而与两种介质的性质有关。对一定波长的光线，在一定温度和压力的条件下，该比值为一常数，等于折射光线所在介质的折射率 n' 与入射光线所在介质的折射率 n 之比，折射定律可以表示为

$$\frac{\sin I}{\sin I'} = \frac{n'}{n} \tag{3.32}$$

或写为

$$n\sin I = n'\sin I' \tag{3.33}$$

对于两种介质界面的折射，$n\sin I$ 或 $n'\sin I'$ 为一常数，称为光学不变量。对于不同的介质对，它有不同的数值。

在式（3.33）中，若令 $n' = -n$，则 $I' = -I$，即为反射定律。这表明，反射定律可以看做是折射定律的一种特例。这在几何光学中是有重要意义的一项推论。

4）光路的可逆性

一条光线由介质1经分界面折射进入介质2，则根据折射定律可写为

$$\frac{\sin I_1}{\sin I_2} = \frac{n_2}{n_1}$$

另一条光线由介质2经分界面折射进入介质1，如果光线的入射角为 I_2，则根据折射定律有

$$\frac{\sin I_2}{\sin I_1} = \frac{n_1}{n_2}$$

可以看出，以上两种折射情况是沿着同一光路，只是方向相反。这种现象称为"光路的可逆性"。

对于反射和折射现象，在均匀折射率介质和非均匀折射介质、简单光学系统和复杂光学系统中，光的可逆性均是成立的。

5）全反射

如上所述，当光线的入射角 I 大于某值时，两种介质的分界面把入射光全部反射回原介质中去，这种现象称为"全反射"或"完全内反射"。

产生全反射的条件有：入射光由光密介质进入光疏介质；入射角必须大于一定的角度，按折射定律，当折射角 $I' = 90°$，有

$$\sin I_m = \frac{n'}{n} \sin 90° = \frac{n'}{n} \qquad (3.34)$$

式中，入射角 I_m 称为临界面，此时折射光线沿分界面掠射。若入射角 I 大于临界面角 I'_m 时，折射定律已不适用。实验证明，此时光线不发生折射，而按反射定律把光线完全反射回原介质中，如图 3-19 所示。如果光线由玻璃射入空气，当玻璃的折射率 $n = 1.523$ 时，则临界角 I_m 约为 41°。这和在反射光和折射光的能量分布结果是一致的。

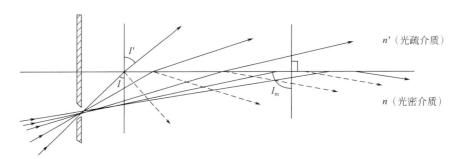

图 3-19　全反射示意图

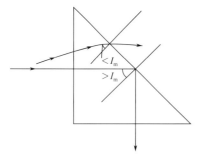

图 3-20　反射式直角全反射棱镜主截面

在实际应用中，全反射常优于一般镜面反射，因为镜面的金属镀层对光有吸收作用，而全反射在理论上可使入射光全部反射回原介质。因此，全反射现象在光学仪器中有着重要的应用价值。例如，为了转折光路常用反射棱镜取代平面反射镜。如图 3-20 所示为一次反射式直角全反射棱镜主截面。

传光和传像的光学纤维也是利用了全反射原理。光纤将低折射率的玻璃外包层包裹在高折射率玻璃心子的外面，如图 3-21 所示。

由于心子的折射率 n_1 大于包皮的折射率 n_2，心子内入射角大于临界角的光线将在临界

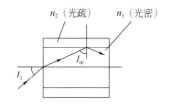

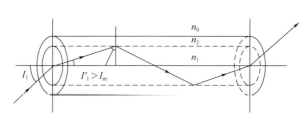

图 3-21　双层传光纤示意图

面上发生全反射。设 I_m 为临界角，令 $n_0=1$，为空气的折射率，由折射定律：$n_0\sin I_1=n_1\sin I'_1$，可得：$\sin I_1=n_1\sin I'_1$

由式(3.34)得：$\sin I_m=\dfrac{n'}{n_{12}}=\sin(90°-I')_1=\cos I'_1$。

保证发生全反射的条件为

$$n_0\sin I_1=n_1\sin I'_1=n_1\sqrt{1-\cos^2 I'_1}=n_1\sqrt{1-\left(\dfrac{n_2}{n_1}\right)^2}=\sqrt{n_1^2-n_2^2}$$

只有当在光纤的端面上入射角小于临界角时，光线在光纤内部才能不断地发生全反射，而由光纤的另一端输出。

设光纤直径为 D，长度为 l，则光线在光纤内的路程长度为

$$L=\dfrac{l}{\cos I'_1}=\dfrac{l}{\sqrt{1-\dfrac{1}{n^2}\sin I_1}}=\dfrac{n_2 l}{\sqrt{n_2^2-\sin^2 I_1}}$$

光纤发生全反射的次数为

$$N=\dfrac{L\sin I_1}{D}=\dfrac{l\sin I_1}{D\sqrt{n_2^2-\sin^2 I_1}}\tag{3.35}$$

【例3.3】 光纤直径 $D=50\mu m$，长度 $l=0.5m$，光纤心子的折射率 $n_2=1.70$，入射角 $I_1=30°$，代入式(3.35)，则有

$$N=\dfrac{500mm\times\sin30°}{0.05mm\sqrt{1.7^2-\sin^2 30°}}=3077$$

即发生全反射的次数为3077次，说明全反射过程中反射损失是近似为零的。

6）朗伯定律或理想漫射面的余弦定则：

① 朗伯定律。在 θ 方向上为　　$L_\theta=\dfrac{I_\theta}{dA\cdot\cos\theta}$

在法线方向上为　　$L_0=\dfrac{I_0}{dA}$

如果发光面或漫射面的亮度不随方向而改变，则有

$$L_\theta=L_0=\dfrac{I_\theta}{dA\cdot\cos\theta}=\dfrac{I_0}{dA}\text{ 故 }I_\theta=I_0\cdot\cos\theta$$

② 遵从朗伯定律的光源称为朗伯光源，只有绝对黑体才是朗伯光源。

③ 朗伯光源的特性。

a. 单位面积上的光出度为其亮度的 π 倍：

$$L=M/\pi\text{ 或 }M=\pi L=\rho E$$

式中，ρ 为漫射系数。

b. 当二个元表面 dA_1、dA_2 亮度相等时，一元表面发射到另一元表面的光通量等于它自身获得的光通量，即

$$d\phi_{12}=d\phi_{21}=\dfrac{L}{l^2}\cos\theta_1\cos\theta_2 dA_1 dA_2\quad（传播定律）$$

7）照度的平方反比定律

$$E=\dfrac{I}{l^2}\tag{3.36}$$

垂直于光线传播方向的照度与光源在该方向的光强成正比，与光源到表面的距离的平方成反比，如图 3-22 所示。

注意：只有点光源才符合距离平方反比定律。（测试距离不应少于灯具出光口面最大尺寸的 10 倍）

【推广】当被照元表面 dA 到光源的距离由 r_1 变到 r_2 时，则相应的照度由 $E_1 \to E_2$，有下列关系：$\dfrac{E_1}{E_2} = \dfrac{r_1^2}{r_2^2}$ 可知距离变化 1 倍，照度变化 4 倍，如图 3-23 所示。

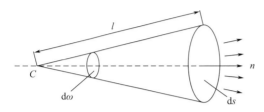

图 3-22　照度的平方反比定律

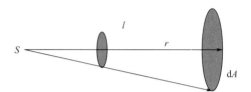

图 3-23　平方反比定律的推论

8）照度的余弦定律

如图 3-24 所示，照度的余弦定律公式为

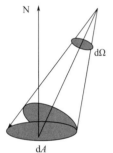

图 3-24　照度的
余弦定律

$$E = \frac{\mathrm{d}\phi}{\mathrm{d}A} = \frac{I}{\mathrm{d}A}\mathrm{d}\Omega = \frac{I}{\mathrm{d}A} \times \frac{\mathrm{d}A \cdot \cos\theta}{l^2} = \frac{I}{l^2}\cos\theta \qquad (3.37)$$

式中　I——r 方向的光强。

结论：光线倾角 $\theta \uparrow \to E \downarrow$，故实际测量时应考虑这一因素。

【例 3.4】一理想漫射面的面积为 $2\mathrm{cm}^2$，其亮度为 $25\mathrm{cd/cm}^2$。

求：① 垂直方向上的光强度。

② 在与垂直方向成 60° 倾斜角方向上的光强。

③ 如果光线垂直射至 50cm 远处半径为 2cm 的圆形屏幕上，求入射到屏幕上的光通量为多少？

解：① ∵ $L = \dfrac{I}{\mathrm{d}A \cdot \cos\theta}$ 且在法线上 $\theta = 0°$

∴ $I = L \cdot \mathrm{d}A \cdot \cos 0° = 25 \times 2 = 50\mathrm{cd}$

② 此为理想漫射面，故由朗伯定律可知：

$$I_\theta = I_0 \cdot \cos\theta = 50 \times \cos 60° = 25\mathrm{cd}$$

③ 依题意由距离平方反比定律可知屏幕上照度为

$$E = \frac{I}{r^2} = \frac{\Phi}{A}$$

则屏幕上的光通量为

$$\Phi = E \cdot A = \frac{I}{r^2} \cdot A = \frac{50}{50^2} \cdot 2\pi \cdot 4 = \frac{4\pi}{25}\mathrm{lm}$$

3.1.3　分布光度坐标与配光曲线

1）灯具光度学中常用的空间坐标系

灯具照明时常用的空间坐标系统分为两类。

① 灯具光度参考轴垂直向下；用 $A\text{-}\alpha$、$B\text{-}\beta$、$C\text{-}\gamma$ 坐标系表示（日光灯等室内、道路照

明灯具）。A、B、C 表示经度的变化；α、β、γ 表示纬度的变化，如图 3-25 所示。

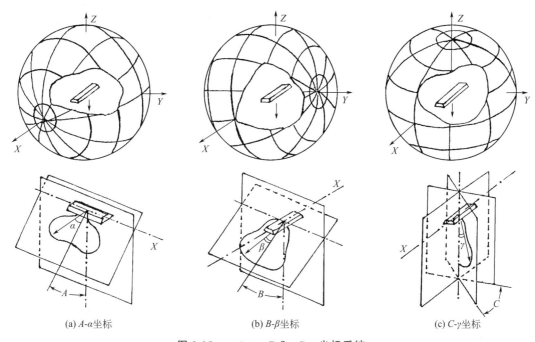

(a) A-α坐标   (b) B-β坐标   (c) C-γ坐标

图 3-25 A-α，B-β，C-γ 坐标系统

图 3-25(a) 所示为中轴线贯穿南北极；图 3-25(b) 所示为中轴线贯穿赤道面，赤道面是铅垂面；

图 3-25(c) 所示为中轴线贯穿赤道面，赤道面是水平面（室内、道路照明用）。

② 灯具光轴成水平状态；用 X-Y，V-H 光度系统表示（舞台灯、射灯等投影灯具）。X、V 表示经度的变化；Y、H 表示纬度的变化，如图 3-26 所示。

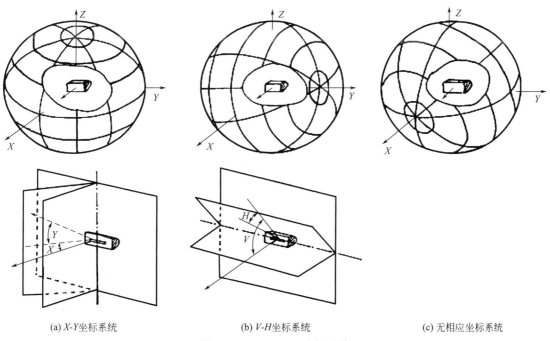

(a) X-Y坐标系统   (b) V-H坐标系统   (c) 无相应坐标系统

图 3-26 X-Y，V-H 坐标系统

【例 3.5】适合于路灯的分布光度系统，采用 C-γ 坐标系统，如图 3-27 所示。

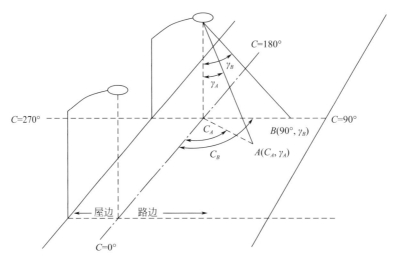

图 3-27　采用 C-γ 坐标的路灯光学系统

A-α、B-β、C-γ 坐标系统之间的角度转换关系见表 3-7。

表 3-7　三个坐标系统之间的换算关系

方向角度		子午面的经度角	平面内的纬度角
给定的	想求的		
A-α	B-β	$\tan B = \tan\alpha / \cos A$	$\sin\beta = \sin A \cdot \cos\alpha$
A-α	C-γ	$\tan C = \tan\alpha / \sin A$	$\cos\gamma = \cos A \cdot \cos\alpha$
B-β	A-α	$\tan A = \tan\beta / \cos B$	$\sin\alpha = \sin B \cdot \cos\beta$
B-β	C-γ	$\tan C = \sin B \cdot \cot\beta$	$\cos\beta = \cos B \cdot \cos\beta$
C-γ	A-α	$\tan A = \cos C \cdot \tan\gamma$	$\sin\alpha = \sin C \cdot \sin\gamma$
C-γ	B-β	$\tan B = \sin C \cdot \tan\gamma$	$\sin\beta = \cos C \cdot \sin\gamma$

2）灯具坐标系统的表述

① 配光曲线的平面描述：直角坐标系、极坐标系。

② 正弦网图：纺锤形，每一小格面积不变，有经纬度的圆球体。将每间隔按经线展开，再将 b 向中间平移即得正线网线（C-γ 坐标系）。

③ 圆形网图：A-α、B-β 坐标系统。

④ 矩形网图。

⑤ 极坐标图：多用于描述旋转对称灯具。

⑥ 直角坐标系：出光角很小的灯具。

3）配光曲线

（1）配光曲线的定义

光源或照明灯具在空间各个方向对发光强度的分布称为配光，将光强用矢量表示，并将各矢量的端点连接而成的曲线称为配光曲线。如图 3-28 所示为白炽灯在铅垂面和平面上的配光曲线。

（2）配光曲线的用途

配光曲线不但可以记录灯具在各个方向上的光强。还可以记录灯具的光通量、光源数量、功率、功率因数、灯具尺寸、灯具效率包括灯具制造商、型号等信息。

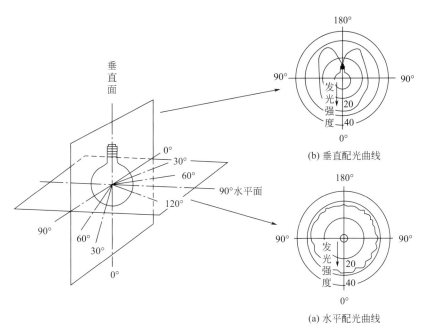

图 3-28 白炽灯的配光曲线

（3）配光曲线的分类

配光曲线按照其出射光束角度通常可分为窄配光（＜20°）、中配光（20°＞40°）以及宽配光（＞40°）。

配光曲线并没有特别严格的定义，各个厂家对宽、中、窄的定义也略有不同。

配光曲线按照其对称性质通常可分为轴向对称、对称和非对称配光。

轴向对称：又称旋转对称，是指各个方向上的配光曲线都是基本对称的，一般的筒灯、工矿灯都是这样的配光。

对称：当灯具 $C0°$ 和 $C180°$ 剖面配光对称，同时 $C90°$ 和 $C270°$ 剖面配光对称时，这样的配光曲线称为对称配光。

非对称：是指 $C0°\sim180°$ 和 $C90°\sim270°$ 任意一个剖面配光不对称的情况。

【例3.6】对称灯具举例：当灯具 $C0°$ 和 $C180°$ 剖面配光对称，同时 $C90°$ 和 $C270°$ 剖面配光对称时，这样的配光曲线称为对称配光，如图3-29所示。

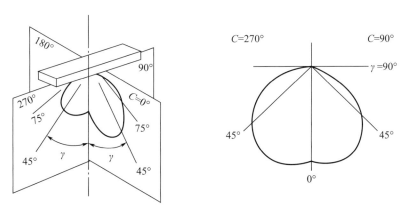

图 3-29 对称灯具的配光曲线

$C0°\sim180°$ 和 $C90°\sim270°$ 剖面，如图 3-30 所示。

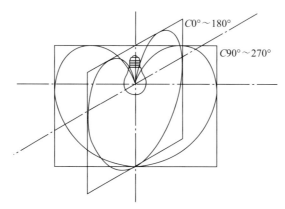

图 3-30　白炽灯 $C0°\sim180°$ 和 $C90°\sim270°$ 剖面的配光曲线

"0～180"这种表示方法不是指"0°～180°"，而是"0°和180°组成的这个面"（图 3-31）。

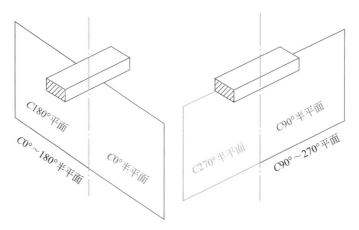

图 3-31　$C0°\sim180°$ 和 $C90°\sim270°$ 剖面

（4）配光曲线的表示方法

配光曲线一般有三种表示方法：一是极坐标法，二是直角坐标法，三是等光强曲线。

① 极坐标配光曲线。在通过光源中心的测光平面上，测出灯具在不同角度的光强值。从某一方向起，以角度为函数，将各角度的光强用矢量标注出来，连接矢量顶端的连接就是照明灯具极坐标配光曲线，如图 3-32（a）所示。

如果灯具具有旋转对称轴，则只需用通过轴线的一个测光面上的光强分布曲线就能说明其光强在空间的分布；如果灯具在空间的光分布是不对称的，则需要若干测光平面的光强分布曲线才能说明其光强的空间分布状况。

② 直角坐标配光曲线。对于聚光型灯具，由于光束集中在十分狭小的空间立体角内，很难用极坐标来表达其光强度的空间分布状况，就采用直角从配光曲线表示法，以竖轴表示光强图 I，以横轴表示光束的投角，如果是具有对称旋转轴的灯具则只需一条配光曲线来表示，如果是不对称灯具则需多条配光曲线表示，如图 3-32（b）所示。

③ 等光强曲线图。将光强相等的矢量顶端连接起来的曲线称为等光强曲线，将相邻等光强曲线的值按一定的比例排列，画出一系列的等光强曲线所组成的图称为等光强曲线图，如图 3-33 所示。

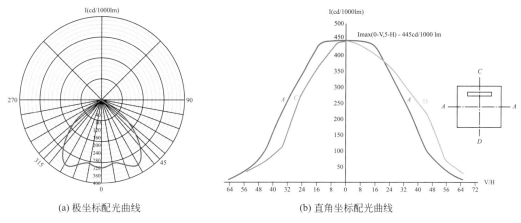

(a) 极坐标配光曲线　　　　　　　　　(b) 直角坐标配光曲线

图 3-32　配光曲线示例

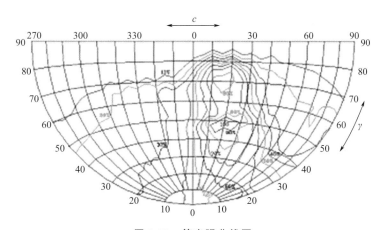

图 3-33　等光强曲线图

常用的等光强曲线图有圆形网图、矩形网图与正弧网图。由于矩形网图既能说明灯具的光强分布，又能说明光量的区域分布，所以目前投光灯具采用的等光强曲线图都是矩形网图。

【例 3.7】 管形荧光灯的配光曲线（两剖面形成的曲线）。

如图 3-34 和图 3-35 所示，等照度线（lux/1000lm）（极坐标图）$T = C0° \sim 180° A = C90° \sim 270°$。

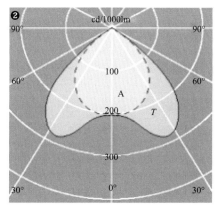

图 3-34　配光曲线图（极坐标）

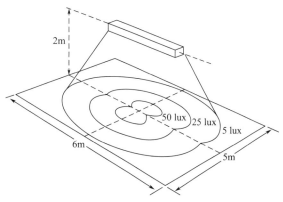

图 3-35　等照度曲线图

① 极坐标图的原点（同心圆圆心处）为灯具发光面的中心。

② 每个同心圆表示一个光强值，越靠外圈光强越大。

③ 图中的各个角度值就是这个剖面上的垂直角度了，向下方向被定义为0°。

④ 图中极坐标原点处的"cd/1000lm"表示这是一个以千流明为标准的配光，实际的光强需要换算后才能得到（1000lm对应50cd，2000lm就是100cd）。这样做是为了方便在不同灯具之间进行配光比较。

【例3.8】投光灯具的配光曲线（两剖面形成的曲线）等照度线（lux/1000lm）（直角坐标图）。

如图3-36所示，配光曲线角度：光束角度为峰值光强的一般光强所包含的角度。此灯具为非对称配光灯具。

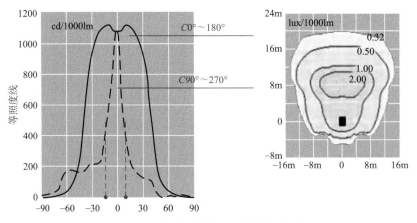

图3-36　非对称投光灯具的配光曲线

（5）配光曲线的利用

① 计算空间或者平面等照度曲线；

② 计算光通量；

③ 分析灯具性能；

④ 确定灯具最大安装间隔；

⑤ 计算灯具利用系数。

（6）配光曲线的标准格式

IESNA LM-63　　　　北美　　　　.ies文件

CIBSE TM-14　　　　英国

EULUMDAT　　　　德国　　　　.ldt文件

CIE/02　　　　国际照明协会

3.2　灯具的配光与照明

1）光通比与距高比

① 灯具的上（下）射光通比就是灯具安装就位时，其发出的位于水平方向及以上（下）的光通量占灯具发出的总光通量的百分比。图3-37是不同光通比的灯具示例。

② 距高比——灯具光中心之间的距离与灯具悬挂高度之比。悬挂高度是由灯具中心至工作面的高度。控制距高比的目的是获得良好的照度均匀度。

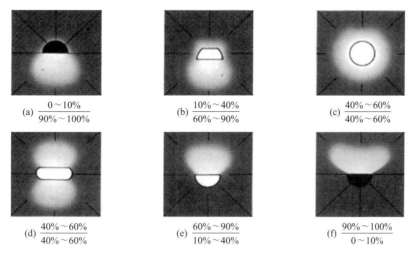

(a) $\dfrac{0\sim10\%}{90\%\sim100\%}$　(b) $\dfrac{10\%\sim40\%}{60\%\sim90\%}$　(c) $\dfrac{40\%\sim60\%}{40\%\sim60\%}$

(d) $\dfrac{40\%\sim60\%}{40\%\sim60\%}$　(e) $\dfrac{60\%\sim90\%}{10\%\sim40\%}$　(f) $\dfrac{90\%\sim100\%}{0\sim10\%}$

图 3-37　不同光通比的灯具示例

最大距高比——保证所需的照度均匀度时的最大灯具间距与灯具计算高度之比。

2）照度的基本计算方法

照度计算方法有利用系数法和逐点计算法（包括平方反比法、等照度曲线法、方位系数法等）两大类，利用系数法用于计算平均照度与配灯数，逐点计算法用于计算某点的直射照度。现将这几种计算方法的特点及使用范围对比如下所示。

利用系数法/流明法——此法考虑了直射光及反射光两部分所产生的照度计算结果为水平面上的平均照度计算室内水平面上的平均照度，特别适用于反射条件好的房间。

查概算曲线——一般生产及生活用房的灯数概略计算。

逐点计算法/平方反比法——此法只考虑直射光产生的照度，可以计算任意面上某一点的直射照度采用直射照明器的场所，可直接求出水平面照度。

等照度曲线法/方位系数法——使用线光源的场所，求算任意面上一点的照度。

3）利用系数

利用系数法考虑了直射光和反射光亮部分所产生的照度，计算结果为水平面上的平均照度。此法适用于灯具布置均匀的一般照明以及利用墙和顶棚作反射面的场合（如室内或体育场的照明计算）。

（1）平均照度

$$平均照度\ E_{av}=\frac{N\times\Phi\times C_U\times K}{A}$$

① 室内照明情况

E_{av}——工作面上的平均照度，lx；

Φ——每个灯具的光源的光通量，lm；

C_U——利用系数，一般室内照明取为 0.4，体育馆照明取为 0.3；

K——维护系数，一般取 0.7～0.8；

N——灯具数量；

A——房间的面积，m^2。

② 道路照明情况

N——路灯排列方式；

A——面积＝路灯间距 S×道路宽度 W，m^2。

【例 3.9】室内照明：4m×5m 房间，使用 3×36W 隔栅灯 9 套。

解：平均照度＝光源总光通量×C_U×K/面积
$$=（2500×3×9）×0.4×0.8/（4×5）$$
$$=1080lux$$

结论：平均照度 1000lux 以上。

【例 3.10】体育馆照明：20m×40m 场地，使用 1000W 金卤灯 60 套。

解：平均照度＝光源总光通量×C_U×K/面积
$$=（105000×60）×0.3×0.8/（20×40）$$
$$=1890lux$$

结论：平均水平照度 1500lux 以上（视安装位置）。

【例 3.11】某办公室平均照度设计案例：设计条件：办公室长 18.2m，宽 10.8m，顶棚高 2.8m，桌面高 0.85m，利用系数 0.7，维护系数 0.8，灯具数量 33 套，求办公室内平均照度是多少？

灯具解决方案：灯具采用 2×55W 防眩日光灯具，光通量 3000lm，色温 3000K，显色性 Ra90 以上。

解：根据公式可求得：
$$E_{av}=（33 套×6000lm×0.7×0.8）÷（18.2m×10.8m）$$
$$=110880.00÷196.56$$
$$=564.10lux$$

（2）最低照度系数 K_{min}

最低照度系数 K_{min} 是工作平面上的最低照度 E 与平均照度 E_{av} 的比值，引入"最低照度补偿系数 K_{min}"，则根据表 3-8，可计算出最低照度。

表 3-8　最低照度

灯具类型	距高比(S/h)			
	1	1.2	1.6	2.0
直接型	1.0	0.83	0.71	0.59
半直接型	1.0	1.0	0.83	0.45
间接型	1.0	1.0	1.0	1.0

（3）利用系数 C_U

利用系数表示室内灯具投射到工作面上的光通量（含反射部分）与光源发出的总光通量的比值。与灯具类型、灯具效率、照明方式、房间内各表面的反射系数有关。

① 房间系数。
$$室空比 R_{CR}=5h_r(L+W)/LW$$
$$顶空比 C_{CR}=5h_e(L+W)/LW$$
$$地空比 F_{CR}=5h_f(L+W)/LW$$

式中　L——房间长度，m；

　　　W——房间宽度，m；

　　　h_r——室空间高度，从灯具开口处到工作面的距离，m；

　　　h_e——顶空间高度，从天花板到灯具开口处的距离，m；

　　　h_f——地空间高度，从工作面到地面的距离，m。

② 墙面平均反射系数 $\rho_w = \dfrac{\rho_{w1} \cdot A_{w1} + \rho_{w2} \cdot A_{w2} + \cdots + \rho_{wn} \cdot A_{wn}}{A_w}$。

③ 顶棚有效反射系数 ρ_{cc} 一般情况比 ρ_c 小，当顶空间高度为零时，二者相等。

④ 地面有效反射系数 ρ_{fc} 一般情况比 ρ_f 小，当地空间高度为零时，二者相等。一般取值为 20%。

（4）常用材料反射系数（表 3-9）

表 3-9　常用材料反射系数

反射面性质	反射系数/%
抹灰并大白粉刷的顶棚和墙面	70～80
砖墙或混凝土喷白(石灰、大白)	50～60
墙、顶棚为水泥砂浆抹面	30
混凝土屋面板,红砖墙	30
灰砖墙	20
混凝土地面	10～25
钢板地面	10～30
广漆地面	10
沥青地面	11～12
无色透明玻璃	8～10
白色棉织物	35

（5）维护系数 K

维护系数是考虑由于光源光通衰减、灯具污染及老化所引起的效率降低，以及被照场所建筑物内墙表面、顶棚、地面的反射率下降等因素使照度降低所必须乘入的系数（表 3-10）。

表 3-10　维护系数

环境特征	房间和场所示例	维护系数	
		白炽灯、荧光灯、强气体放电灯	卤钨灯
清洁	卧室、客房、办公室、阅览室、餐厅、实验室、绘图室、病房	0.75	0.80
一般	营业厅、展厅、影剧院、观众厅、候车厅	0.70	0.75
污染严重	锅炉房	0.65	0.70
室外	室外庭院灯、体育场	0.55	0.60

注：1. 在进行室外照度计算时，应计入 30% 的大气吸收系数；

2. 当维护系数用"减光补偿系数"表示时，应按表中所列系数的倒数计算；

3. 维护照度除以维护系数即为设计的初始照度。

4）单位容量法（又称简化版利用系数法）

此法是为了简化计算，根据不同的照明器型式、不同的计算高度、不同的房间面积和不同的平均照度要求，应用利用系数法计算出单位面积安装功率（W/m²），列成表格，供设计时查用，通常称为单位容量法。单位容量法适用于均匀的一般照明计算。

（1）计算公式

$$W = \frac{P}{S}$$

式中　W——每单位被照面积所需的灯泡安装功率；

P——全部灯泡的安装功率；

S——被照面积，m²。

或直接计算灯具数量 $N = \dfrac{E \cdot A \cdot \Phi_0 \cdot C_1 \cdot C_2}{\Phi}$，然后 $W = \dfrac{P}{N}$。

单位容量 W 决定于下列各种因素：需求照度 E、房间面积 A、单位面积每 $1x$ 光通量 Φ_0、修正系数 C_1C_2、照明灯具光通量 Φ、灯具形式、最低照度 $E_{\min}$、计算高度 h、房间面积 S、顶棚、墙壁、地面的反射系数 ρ_w、ρ_{cc}、ρ_{fc} 和照度补偿系数 K 等。此外还与照明的布置和所选用的灯泡效率有关。

（2）常用灯单位面积安装容量表

根据已知的面积及所选的灯具形式、最小照度 E、计算高度 h，从下列表格单位面积的安装容量 W，从上面的公式算出全部灯泡的总安装功率 P。然后除以从较佳布置灯具方法所得出的灯具数量，即得灯泡功率。

（3）常用的速查表格

① 室形指数：
$$R_1 = \frac{L \cdot W}{H \cdot (L+W)}$$

式中，W 为房间宽；L 为房间长；H 为灯具至工作面高度。据此室形指数结合灯具配光类型查表得出 Φ_0，见表 3-11。（注：S 为灯具间距，h 为灯具安装高度）

表 3-11　室形指数与灯具配光类型速查表

Φ_0 室形指数	直接型配光灯具	半直接型配光灯具	均匀漫射配光灯具	半间接型配光灯具	间接型配光灯具	$S < 1.3h$
0.6	5.38	5.00	5.38	5.38	7.78	8.75
0.8	4.38	3.89	4.38	4.24	6.36	7.00
1.0	3.89	3.41	3.68	3.59	5.39	6.09
1.25	3.41	2.98	3.33	3.11	4.83	5.00
1.5	3.11	2.74	3.04	2.86	4.38	4.83
2.0	2.80	2.46	2.69	2.50	4.00	4.38
2.5	2.64	2.30	2.50	2.30	3.59	4.89
3.0	2.55	2.30	2.37	2.19	3.33	3.68
3.5	2.46	2.12	2.30	2.11	3.18	3.33
4.0	2.37	2.06	2.22	2.03	3.04	3.33
4.5	2.35	2.02	2.17	1.99	2.98	3.26
5.0	2.33	1.97	2.12	1.94	2.92	3.18

② 室内顶棚、墙面及地面的反射系数分别为 ρ_C、ρ_w、ρ_f，根据实际环境不同可加系数 C_1 修正，见表 3-12。

表 3-12　修正系数 C_1 速查表

参数	修正系数		
ρ_C	0.7	0.6	0.4
ρ_w	0.5	0.4	0.3
ρ_f	0.2	0.2	0.2
C_1	1	1.08	1.27

直接型照明器允许按距高比分类如下：

特狭照型：$S/h \leqslant 0.5$；

狭照型（深照型，集照型）：$0.5 < S/h \leqslant 0.7$；

中照型（扩散型，余弦型）：$0.7 < S/h \leqslant 1.0$；

广照型：$1.0 < S/h \leqslant 1.5$；

特广照型：$1.5 < S/h$。

③ 各灯具效率不同，可加系数 C_2 修正，见表 3-13。

表 3-13　修正系数 C_2 速查表

灯具效率	70%	60%	50%
C_2	1	1.22	1.47

通过以上表格能进行计算。第一步，查出 Φ_0、C_1、C_2；第二步，代入所需照度 E 及房间面积 A；第三步，选择合适的光源及其光通量，最后得出布灯数量。

【例 3.12】某厂房的尺寸为：宽×长×高＝20m×50m×8m，顶棚反射比 $\rho_C=70\%$，墙面反射比 $\rho_w=50\%$，地板反射比 $\rho_f=20\%$，采用 150W 金属卤化物灯宽光束块板面照明灯具，光源光通量 10809lm，灯具效率 72.9%。现要求室内地面平均照度为 100lx，试求室内布灯数？

① 求室形指数
$$R_I = \frac{L \cdot W}{H \cdot (L+W)}$$

代入 $W=20m$，$L=50m$，$H=8m$，得出 $R_I=1.78$

照明灯具为宽配光金卤灯，属于中照型灯具，距高比 $S/h<1.0$，查表 3-10 得出单位容量光通量最接近数值 $\Phi_0=2.8$。

据灯具效率及各反射比可知修正系数 C_1、C_2 均为 1。

② 要求照度标准 $E=100lx$，厂房面积 $A=1000m^2$。

③ 光通量 Φ 为 10809lm，代入公式计算出灯具数量为
$$N = \frac{E \cdot A \cdot \Phi_0 \cdot C_1 \cdot C_2}{\Phi} = 25.9$$

3.3　反射器、折射器与螺纹透镜的设计

要想按照人为意志控制光线（滤光，转换，重新分配），就必须要有光控元件。灯具中常用的光学器件有反射器件、折射器件、漫射器件、滤光器件、屏蔽器件，其中反射器的轮廓形状种类（椭圆形、抛物面形等光滑面或小平面）、灯泡相对于反射器的位置以及灯泡尺寸外形和种类是光束形状和光分布的决定因素，而光束形状和光分布又决定了灯具的应用范围。

光束角用来表示灯具发出的光束的宽窄，定义为光束轴平面上光强度下降到峰值的 50% 时的两光线间的夹角，如图 3-38 所示。

光分布是指光束形状，不同类型的光束角（特别是相对于泛光灯具）出射光的形状以及照明效果不同，常见的有 4 种光分布，如图 3-39 所示。

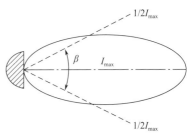

图 3-38　光束角示意图

窄配光：光束角<20°中配光：20≤光束角≤40°。

宽配光：光束角>40°蝙蝠翼配光：特殊光束角。

光束角反应在被照墙面上就是光斑大小和光强，同样的光源若应用在不同角度的反射器中，光束角越大，则中心光强越大、光斑越小。应用在间接照明原理也一样，光束角越小，环境光强就越大，散射效果就越差。光束角大小受灯泡及灯罩的相对位置的影响。

灯杯的角度一般常见的有 10°、24°、38°这三种。如图 3-40 所示是 3 个功率完全相同，只是光束角不同的三个灯杯照射在墙面的效果，以及三种光束角的配光曲线示意图。可以看

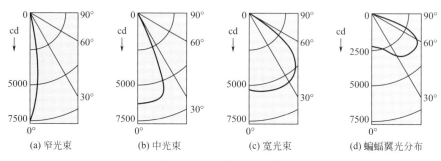

(a) 窄光束 　　(b) 中光束 　　(c) 宽光束 　　(d) 蝙蝠翼光分布

图 3-39　光分布示意图

到，10°角的灯杯照射范围很小，而中心光强最大，能在照射面上形成强烈的对比；38°角的灯杯照射范围大，但其中心光强最小，在照射面上形成的光斑是较柔的；24°角就是介于10°和38°之间的一个效果。也就是说：相同功率的灯杯光束角越大其中心光强越小，出来的光斑越柔，相反光束角越小其中心光强越大，出来的光斑越硬。

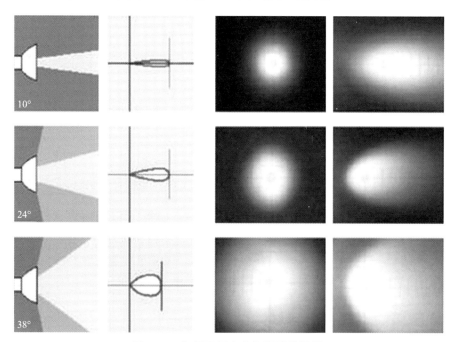

图 3-40　灯杯不同光束角照明效果图

在实际运用中不同光束角有其各自的用途，如图 3-41 所示，使用石膏雕像来进行模拟三种不同的光束角在立体展品上的效果。从图 3-41 中可以看出，10°角以其强烈的明暗对比给人极强的视觉冲击力，能够在第一时间抓住人们的目光，但是可以发现，在强烈的明暗对比下，并不能看清石膏雕像的细部，而且由于光束角太小，导致雕像并没有完全展现在眼前。24°的光束角就比 10°的光束角好多了，对石膏的质感和人物雕像的神态都能很好地展现，而且在 3 者间也有较好的视觉冲击力。38°的光束角让雕像变得更加柔和、细腻，而且会让人更容易地观察到雕像的细节，但是由于光束角过大，把背景墙和雕像混在一起了，这样在 10°和 24°光束角照射的雕像放在一起时就很难引起人们的注意。

这个是在相同功率、相同投射角度和距离下的不同光束角的比较，在实际运用中还要把投射距离、角度以及环境亮度拿来进行综合考虑，然后根据自己的需要选择不同的灯杯。如

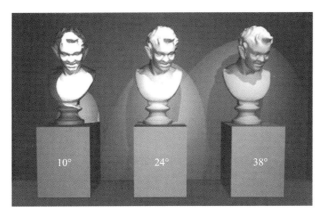

图 3-41 不同光束角照明立体展品效果

果周围环境照度比较高的话，可能就需要 10° 的光束角，因为周边的环境光可以弥补它在雕像上未照射到的区域，而 10° 的光束角在雕像上形成的强烈的明暗对比又有很好的视觉冲击力。如果安装距离再近一些的话，那就应该选 38° 的光束角，这时 38° 的光束角效果就类似图中的 24° 角效果。由于距离变短，光照范围也跟着变小，光强也随之提高。同理，如果投射距离变远，就应该选择 10° 的光束角。只有科学合理的选择光源灯具，才能营造出理想的环境和空间氛围。

3.3.1 灯具反射器设计

1）三种基本的反射器

（1）定向反射

此类型遵守所有的反射定律，具有精确的光学分布，在灯具中镜面铝是最常用的材料。

（2）散反射

此类型属于无光源的镜面象，具有适度的视觉控制，出射光束柔和。经过锤打、腐蚀、刷漆的普通镜面反射通常为散反射。

（3）漫反射

此类型任何方向都有散射光，无精确的光线控制，在灯具中无光泽的磨光金属或油漆面是最普通的漫反射表面。发射器外形不是很重要，反射器越深，光线间的相互作用以及吸收作用越大效率越低（图 3-42）。

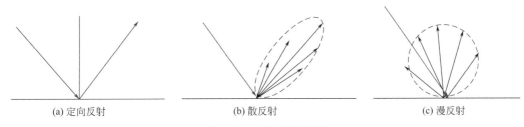

(a) 定向反射 　　　(b) 散反射 　　　(c) 漫反射

图 3-42 三种反射类型

2）反射器材料知识

材料不同，做成灯具反射器后所产生的反射率不同，不同铝材在灯具中的使用效果也不相同。常用镜面材料的反射率见表 3-14。

表 3-14　常用镜面材料的反射率

材料	加工工艺	反射率	材料	加工工艺	反射率
铝面	磨光和电镀	0.7	玻璃和塑胶	覆铝	0.85～0.88
高纯铝	磨光和电镀	0.8	铬	磨光	0.65
银面	磨光和电镀	0.9	不锈钢	磨光	0.60

3）外形各异的反射器件

（1）平面反射器

平面反射器通常用于装饰型灯具，主要用于图像的反射而非光线的控制。

（2）抛物线反射器

点光源放置在焦点位置将产生平行光束，点光源从焦点位置外移将产生会聚性光束，内移将产生发散性光束。要达到精确的光束控制，灯泡在反射器中的相对位置非常重要。如果位置有偏差，则光分布将完全不同，如图 3-43 和图 3-44 所示。

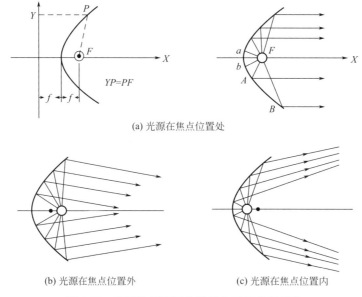

(a) 光源在焦点位置处

(b) 光源在焦点位置外　　　　(c) 光源在焦点位置内

图 3-43　光源位于不同位置产生不同出射光线

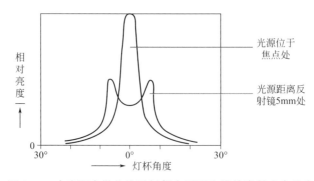

图 3-44　电光源在抛物线反射器中不同位置的出射光束分布

（3）不规则反射器

简单反射器的外形与母线如图 3-45 所示。光源与不同的反射器相结合，产生各种不同的出射光束，常见的有如图 3-46 所示的几种类型。

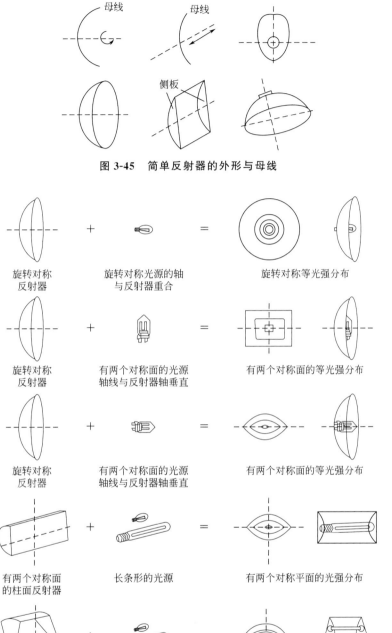

图 3-45　简单反射器的外形与母线

图 3-46　光源与反射器组合产生不同出射光线

4）反射器的设计

在灯具设计中，常常需要根据照明需求来进行反射器的设计，反射器设计的关键在于设计出母线轮廓。这种情况下要将反射器轮廓上的母线划分为若干个小线段，通过计算每一条小线段起始点的位置，最终在坐标系里描点连线而得到，如图 3-47 所示。

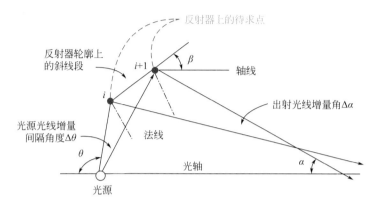

图 3-47 反射器母线上的点坐标示意

从图 3-47 中可以看出，每一个待求点都可以由坐标系中的角度 α、β、θ 以及点坐标 x、y 来唯一确定。具体来讲，反射器上待求点的计算方法可分为以下步骤。

① 对光源配光曲线用合适的角度间隔进行划分；

② 计算在光源分布和灯具光分布中各角度间隔内的立体角；

③ 光通增量＝光强×立体角增量，计算各立体角间隔内的光通（光强为中值角度上的值）；

④ 找出光源提供的光通和光束中需要的光通的差值，得到折换系数，并统一两者的差异；

⑤ 找出某个 θ 角内能提供的光通量正好和灯具在某 α 角内需要的光通量相一致的对应关系；

⑥ 用公式计算光源光线间隔角度中，反射面与轴线的夹角 β；

⑦ 列表写出光源光线间隔角度 θ 角和 β 角的正切值；

⑧ 以点光源为原点，光轴（旋转对称轴）为 X 轴，写出各光源光线的间隔角度上的方程：$y＝x \cdot \tan\theta$；

⑨ 设反射器起始于第一点的坐标是 $(x_0，y_0)$ 斜率为 $\tan\beta_0$，则反射器上第一段的折线方程为：$y－y_0＝(x－x_0) \cdot \tan\theta_0$；

⑩ 计算该线段与下一个光线间隔角度的交点 $(x_i，y_i)$，解下列方程组便可得到反射器上的各点坐标：$y_i－y_{i-1}＝(x_i－x_{i-1}) \cdot \tan\theta_{i-1}$ $y_i＝x_i \cdot \tan\theta$。

3.3.2 灯具折射器设计

1）基本概念

折射器是控光元件中的设备，它的特点是改变光的传播方向，使光线通过各个边界的不同光学密度的材料（折射指数）而传播。折射器的材料通常是玻璃或塑料。改变光线方向的功能在各种棱镜中完成。

在具体应用中，折射器的实例如下所示。

① 安装在荧光灯具表面的棱镜镜头。

② 嵌入式的灯具中展开的棱镜。

③ 在户外区域的灯具的玻璃折射镜。

④ 菲涅尔折射体。

⑤ 荧光灯灯具中包着的棱镜镜头。

⑥ 嵌入式荧光灯灯具中棱镜镜头。

⑦ 塑料折射的低工业灯具。

⑧ 传播镜头折射体的射灯。

2）常见类型

如图 3-48 所示。凸透镜是中间厚边缘薄的一种透镜，又可分为双凸、平凸、凹凸等几种不同的凸透镜。凸透镜对光线起会聚作用。

凹透镜是中间薄边缘厚的一种透镜，又可分为双凹、平凹、凸凹等不同的凹透镜。凹透镜对光线起发散作用。

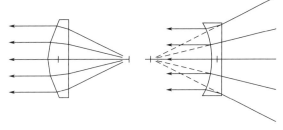

图 3-48 凸透镜和凹透镜

3）菲涅尔透镜

菲涅尔透镜（Fresnel lens），又称螺纹透镜，是法国物理学家奥古斯汀·菲涅尔（Augustin·Fresnel）发明的，他在 1822 年最初使用这种透镜设计、建立了一个玻璃菲涅尔透镜系统——灯塔透镜。菲涅尔透镜多是由聚烯烃材料注压而成的薄片，也有用玻璃制作的，镜片表面一面为光面，另一面刻录了由小到大的同心圆，它的纹理是利用光的干涉及扰射和根据相对灵敏度和接收角度要求来设计的，透镜的要求很高，一片优质的透镜必须表面光洁、纹理清晰，其厚度随用途而变，多在 1mm 左右，特性为面积较大，厚度薄及侦测距离远。菲涅尔透镜侧剖图如图 3-49 所示。

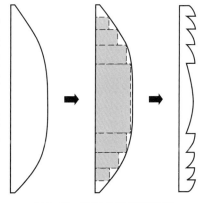

图 3-49 菲涅尔透镜侧剖图

菲涅尔透镜作用有两个：一是聚焦作用；二是将探测区域内分为若干个明区和暗区，使进入探测区域的移动物体能以温度变化的形式在 PIR（被动红外线探测器）上产生变化热释红外信号。菲涅尔透镜在很多时候相当于红外线及可见光的凸透镜，效果较好，但成本比普通的凸透镜低很多。多用于对精度要求不是很高的场合，如幻灯机、薄膜放大镜、红外探测器等。菲涅尔透镜的示意图如图 3-50 所示。

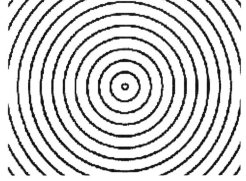

图 3-50 菲涅尔透镜的示意图

菲涅尔透镜的成像公式为

$$\frac{1}{\rho}+\frac{1}{r_0}=\frac{1}{f}$$

$$f=\frac{R^2}{m\lambda}$$

式中　ρ——光源到波带的距离；

λ——入射光波长；

r_0——透镜中心到像点的距离；

m——波带数；

R——透镜半径。

一个罗纹透镜有很多焦点，上式给出的是它的主焦点，除此之外，还有一系列的次焦点，分别是 $f/3$、$f/5$、$f/7$、…，在其对称位置还存在着一系列虚焦点 $-f/3$、$-f/5$、$-f/7$、…。

4）菲涅尔透镜的光路

（1）从光学设计上来划分

正菲涅尔透镜：光线从一侧进入，经过菲涅尔透镜在另一侧出来聚焦成一点或以平行光射出。焦点在光线的另一侧，并且是有限共轭。这类透镜通常设计为准直镜（如投影用菲涅尔透镜，放大镜）以及聚光镜（如太阳能用聚光聚热用菲涅尔透镜）。

负菲涅尔透镜：和正焦菲涅尔透镜刚好相反，焦点和光线在同一侧，通常在其表面进行涂层，作为第一反射面使用。正负菲涅尔透镜光路如图3-51所示。

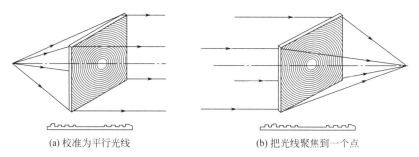

(a) 校准为平行光线　　　　(b) 把光线聚焦到一个点

图 3-51　正负菲涅尔透镜光路

（2）菲涅尔透镜的应用

在 PIR 上菲涅尔透镜主要有两个作用：一是聚焦作用，即将热释红外信号折射（反射）在 PIR 上；二是将探测区域内分为若干个明区和暗区，使进入探测区域的移动物体能以温度变化的形式在 PIR 上产生变化热释红外信号。其利用透镜的特殊光学原理，在探测器前方产生一个交替变化的"盲区"和"高灵敏区"，以提高它的探测接收灵敏度。当有人从透镜前走过时，人体发出的红外线就不断地交替从"盲区"进入"高灵敏区"，这样就使接收到的红外信号以忽强忽弱的脉冲形式输入，从而强其能量幅度。由于菲涅尔透镜的主要作用是将探测空间的红外线有效地集中到传感器上。通过分布在镜片上的同心圆的窄带（视窗）用来实现红外线的聚集，相当于凸透镜的作用，这部分选择主要是看透镜窄带的设计及透镜材质。考虑透镜的参数主要有光通量、不同透镜同心度、厚度不均匀性、透镜光轴与外形同心度、透过率、焦距误差等。菲涅尔透镜窄带（视窗）的设计一般都是不均匀的，自上而下分为几排，上面较多、下面较少，一般中间密集、两侧疏。因为人脸部、膝部、手臂的红外辐射较强，正好对着上边的透镜；下边较少，一是因为人体下部的红外辐射较弱，二是为防止地面小动物的红外辐射干扰。材质一般用有机玻璃。

另一个典型例子是相机的对焦屏。现在的相机对焦屏都是磨砂毛玻璃菲涅尔透镜，其优点是明亮和亮度均匀。对焦不准时，在对焦屏上的成像是不清晰的。为了配合更精确地对焦，一般在对焦屏中央装有裂像和微棱环装置。当对焦不准时，被摄体在对焦屏中央的像会分裂成两个图像，当两个分裂的图像合二为一时，表明对焦准确了。AF单反机的标准对焦屏一般不设裂像装置，而是刻有一个小矩形框来表示AF区域，有些菲涅尔透镜对焦屏上还刻有局部测光或点测光区域。早期AF单反机在光线较暗环境中对焦时，往往很难看见对焦框，因此很难判断相机是以哪一点来作为对焦点。新一代单反机对焦屏上的对焦点会发光，或者有对焦声音提示，便于在复杂环境中确认对焦。不同类型的对焦屏有不同的用途，拍摄人像可能用裂像对焦屏更好，带横竖线或刻度的对焦屏适用于建筑物摄影和文件翻拍；中间部分没有裂像而只有微棱的对焦屏适用于小光圈镜头，它不会有裂像一边亮一边黑的缺点，不少单反相机的对焦屏都可由用户自己更换。

投影显示：菲涅尔投影电视、背投屏幕、高射投影仪、准直器。

聚光聚能：太阳能用菲涅尔透镜、摄影用菲涅尔聚光灯、菲涅尔放大镜。

航空航海：灯塔用菲涅尔透镜、菲涅尔飞行模拟。

科技研究：激光检测系统等。

红外探测：无源移动探测器。

照明光学：汽车头灯、交通标志、光学着陆系统。

智能家居：安防系统探测器等。

两环菲涅尔透镜环数与角度示意图如图3-52所示，有：$r = \dfrac{H}{\sin\varphi}$，$x = \dfrac{H}{\tan\varphi}$，

$\tan\varphi = \dfrac{\sin\alpha}{\sqrt{n^2 - \sin^2\alpha - 1}}$，$\alpha$为各环边缘光线与光轴的夹角。

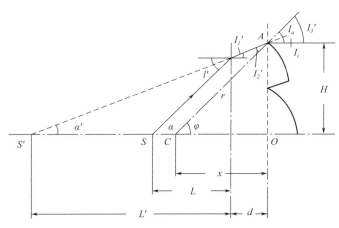

图 3-52 两环菲涅尔透镜环数与角度示意图

5）设计步骤

① 确定参数关键：确定任意一个球面半径r与球心c在光轴上的位置。

a. 由通光口径Φ决定最大半包角α_{max}：$\tan\alpha_{max} = \dfrac{\Phi/2}{f}$，

b. 计算光源调节范围$\dfrac{1}{-f} = \dfrac{1}{-l'} + \dfrac{1}{l}$，

c. 确定适当的环数，及每环入射光线在第一折射面上的高度h_1，h_2，…

② 对每环的入射光线进行平面光线追踪，计算各环的像距，将光源置于焦点处考虑

$$\sin I_1 = n \sin I_1' \xrightarrow[\alpha = I_1]{\alpha' = I_1'} \sin\alpha' = n\sin\alpha$$

$$L'\tan\alpha' = L\tan\alpha \xrightarrow[\sin\alpha' = n\sin\alpha]{} L' = Ln\frac{\cos\alpha'}{\cos\alpha}$$

③ 确定每环边缘点（齿根）的高度：$H = (L' + d)\tan\alpha'$。

④ 计算每环的球心位置 x 及曲率半径 r：$\tan\varphi = \dfrac{\sin\alpha}{\sqrt{n^2 - \sin^2\alpha} - 1}$ $r = \dfrac{H}{\sin\varphi}$ $x = \dfrac{H}{\tan\varphi}$

⑤ 计算每环透镜的中心厚度：$d_n = r_n - x_n + d$。

⑥ 光路计算，进行校验。

【例 3.13】要设计一个四环螺纹透镜，其口径 $D = 200\text{mm}$，焦距 $f = 300\text{mm}$，基面厚度 $d = 5\text{mm}$。玻璃的折射率为 $n = 1.477$（图 3-53）。

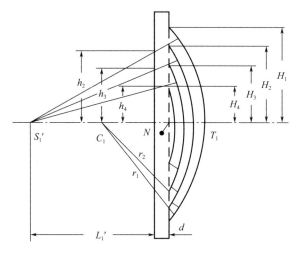

图 3-53　四环螺纹透镜环数与角度示意图

解： 考虑到罗纹透镜采用压环的方式固定在灯具上，因此边缘需要留出一定的空间，透镜的实际通光孔径缩小为 $\phi = 186\text{mm}$。

用图解法或计算法得出各环的 h 高度

$h_1 = 92\text{mm}$，$h_2 = 77.5\text{mm}$，$h_3 = 63\text{mm}$，$h_4 = 43\text{mm}$

根据计算结果列写表 3-15 和表 3-16。

表 3-15　计算结果（1）

环次 参数	1	2	3	4
h	92	77.5	63	43
$\tan\alpha = h/f$	0.306667	0.258333	0.210000	0.141883
$I_1 = \alpha$	17.0490°	14.4847°	11.8598°	8.1568°
$\sin I_1$	0.293190	0.250122	0.205517	0.141883
$\sin I_1' = \sin I_1/n$	0.198504	0.169345	0.139145	0.096062
$\alpha' = I_1'$	11.4495°	9.7497°	7.9984°	5.5124°
$\sin\alpha'$	0.198504	0.169345	0.139145	0.096062
$\cos\alpha'$	0.980100	0.985557	0.990272	0.995375
$n - \cos\alpha'$	0.496900	0.491443	0.486728	0.481625

表 3-16 计算结果（2）

环次 参数	1	2	3	4
$n-\cos\alpha'$	0.496900	0.491443	0.486728	0.481625
$\tan I_2 = \sin\alpha'/(n-\cos\alpha')$	0.399484	0.344586	0.285878	0.199454
I_2	21.7759°	19.0133°	15.9520°	11.2798°
$\varphi = I_2 + \alpha'$	33.2254°	28.7630°	23.9525°	16.7923°
$\tan\varphi$	0.655015	0.548913	0.444235	0.301771
$\sin\varphi$	0.547934	0.481187	0.405979	0.288903
$\tan\alpha'$	0.202534	0.171826	0.140512	0.096508
$L' = h/\tan\alpha'$	454.245	451.037	448.360	445.558
$H = (L'+d)/\tan\alpha'$	93.0127	78.3591	63.7026	43.4825
$r = H/\sin\varphi$	169.752	162.845	156.911	150.509
$CN' = H/\tan\varphi$	142.001	142.753	143.398	144.091
$CN = CN'-d$	137.001	137.753	138.398	139.091

四环罗纹透镜全部外形尺寸数据见表 3-17。

表 3-17 四环罗纹透镜全部外形尺寸数据   单位：mm

外形尺寸	环1	环2	环3	环4
半径 r	169.752	162.845	156.911	150.509
CN	137.001	137.753	138.398	139.091
H	93.0127	78.3591	63.7026	43.4825
t	7.8717	6.7109	7.1666	…
L'	454.245	451.037	448.360	445.558
ΔH	…	1.3526	0.9429	0.6916

根据设计数据在软件中进行仿真的结果如图 3-54 和图 3-55 所示。

图 3-54 所求菲涅尔透镜仿真示意图

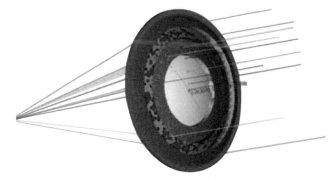

图 3-55 光源在焦点时的单根光线追踪

3.3.3 灯具遮光器件设计

1）眩光

眩光是指在视野内，由于远大于眼睛可适应的照明光线而引起的烦恼、不适或丧失视觉表现的感觉。

眩光的光源主要有直接的，如太阳光、太强的灯光等；间接的，如来自光滑物体表面（高速公路路面或水面等）的反光。

根据眩光产生的不良后果可分为以下几种。

不适型眩光：指在某些太亮的环境下感觉到的不适，例如坐在强太阳光下看书或在一间漆黑的房子里看高亮度的电视，当人眼的视野必须在亮度相差很大的环境中相互转换时，就会感到不适。

光适应型眩光：指的是当人从黑暗的电影院（或地下隧道）走入阳光下双眼视觉下降的一种现象。主要原因是由于强烈的眩光源在人眼的视网膜上形成中央暗点，引起长时间的视物不清。

丧能型眩光：指由于周边凌乱的眩光源引起人眼视网膜像对比度下降，从而导致大脑对图像的解析困难的一种现象，类似于幻灯机在墙上的投影受到旁边强光的干扰而导致成像质量下降的表现。

根据产生方式分为光幕反射眩光、反射眩光、直接眩光，如图 3-56 所示。眩光与灯具出射角之间的关系如图 3-57 所示。

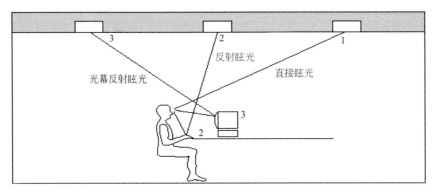

图 3-56　眩光的常见类型

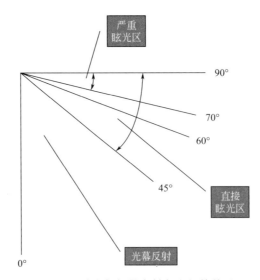

图 3-57　眩光与灯具出射角之间的关系

CIE 对于眩光限制的质量等级，见表 3-18。

2）灯具遮光装置

常用遮光器的结构如图 3-58 所示。在灯具设计中，遮光装置的作用是减少眩光，常见类型有以下几种。

① 挡板和百叶：通常用于荧光灯；

② 遮光角：是指照明器出光沿口遮蔽光源体使之完全看不见的方位与水平线的夹角；

③ 内置格栅：位于灯泡上方的小水平平面，用于泛光灯。

采用一些遮光器件，附加到灯具上去，从而达到增大灯具保护角，达到减少眩光的目的（图 3-59）。

表 3-18　CIE 对于眩光限制的质量等级

质量等级	作业或活动的类型
A（很高质量）	非常精确的视觉作业
B（高质量）	视觉要求很高的作业,中等视觉要求的作业,但需要注意力高度集中
C（中等质量）	视觉要求中等的作业,注意力集中程度中等,工作者有时需要走动
D（质量差）	视觉要求和注意力集中程度的要求比较低,而且工作者常在规定区域内走动
E（质量很差）	工作者不要求限于室内某一工位,而是走来走去,作业的视觉要求很低,或不为同一群人持续使用的室内区域

注：该表也可以看做照明质量的分级。从 A 到 E，亮度限制的要求逐渐降低，眩光逐渐增加，照明的质量逐渐下降。

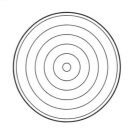

图 3-58　常用遮光器的结构

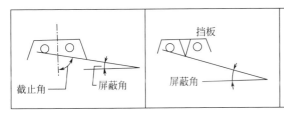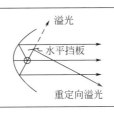

图 3-59　内置挡板对灯具出射光线的影响作用

第 4 章
灯具造型设计

学习要点

① 了解和掌握灯具安装及操作方式，为灯具造型设计作准备。

② 掌握灯具设计中的形式美法则，培养形式美感。

③ 学习灯具造型设计的基本方法，具备创意思维能力，能自主进行灯具造型设计。

4.1 灯具安装及操作方式设计

1）灯具安装方式

（1）固定式灯具

固定式灯具即安装位置完全固定，不能变动的灯具。固定式灯具是家庭、办公、娱乐等各种场所主要选用的灯具。常用的固定式灯具有吸顶灯、吊灯和壁灯。固定式灯具的优点在于照明范围大，亮度大，是室内或者室外照明装饰的主体。

（2）移动式灯具

移动式灯具即可以随身携带或放置在多处的灯具，比如手电、台灯、插式节能灯等。这些灯具的体积小，方便在不同地方使用。但从安全性出发，其光照强度不宜高，故缺点在于发出的光线不够明亮，通常并不能代替固定式灯具。

（3）嵌入式灯具

嵌入式灯具即安装在其他设备上的灯具，比如电饭锅、电冰箱上的指示灯；出租车、小区围墙、大型设备、医疗检测机上的报警灯等，使得用户能得到规范提示。嵌入式灯具，大小不一，由所安装的具体设备来决定，但一般家用电器上的嵌入式灯具的体积较小，多为发光二极管。

2）灯具的操作方式

（1）人机操作指示

灯具的设计必须考虑其图形或其他设计符号语义，应直观地告诉用户各种操作方式与方法，让产品成为一个会说话、会表达的推销员。灯具的操作指示（表 4-1），主要包括：旋、转、夹、按、弯、拉等几种。

表 4-1 灯具人机操作指示

操作指示	按	旋	转	弯	拉	夹
实例						

（2）灯光照明控制（开关）控制方式

① 按压式。按压式开关，其本体设计有安装按键的穿孔、弹性元件、接线端子、由按键控制的制动装置，接线端子位于本体内的导电端部，设跷板式切换组件，制动装置带动切换组件，使开关呈现 ON/OFF 的变换状态，制动装置设导引槽及推顶元件，导引槽设由数条滑轨衔接并构成一个上定位点及一个下定位点，两侧底端衔接处分别形成推顶的下始点，推顶元件上端部与按键枢接构成同步升降的联动组件，推顶元件下端设顶压部，顶压部侧边设有凸体，凸体贴靠在导引槽内呈斜向变化滑行，进而导引顶压部推动跷板体改变切换角度，其结构简单，易于组装，操作便捷，可由外观直接辨识开关的开启 ON 或关闭 OFF 状态（图 4-1 和图 4-2）。

图 4-1 按压式开关（1）

图 4-2 按压式开关（2）

② 亮度可调（旋钮）式。亮度可调式开关的工作原理是由电阻 R_2、电位器 RP_1、电容 C 组成阻容移相电路，调节 RP_1，即可改变双向晶闸管 V 的导通角，从而改变灯泡 EL 的亮度。电阻 R_1 为限流电阻。C 的充电速度还与并联回路有关。在 R_1、RP_2 固定的情况下，分流的大小由光敏电阻 RL 的阻值来决定。当电网电压上升时，灯光亮度增加，RL 阻值变小，分流增大，电容 C 两端电压上升变慢，晶闸管 V 导通角减小，输出电压减小，灯光亮度下降；反之，当电网电压下降时，RL 阻值增大，分流减小，晶闸管导通角增大，输出电压增加，灯光亮度增加。这样一来，灯光亮度就自动地稳定在设定值（图 4-3 和图 4-4）。

图 4-3 亮度可调（旋钮）式（1）

图 4-4 亮度可调（旋钮）式（2）

③ 遥控式。遥控式开关是可以用遥控器控制的开关，就是用专配的遥控器在房间的不同地方可以随时控制灯具的通断，尤其是现在智能家居的开发，遥控式开关也越来越得到人们的重视，尤其是在楼宇自动化、安防等方面，人们对智能的要求越来越高，遥控式开关得到了越来越多的应用（图4-5）。

④ 拉线式。模仿老式拉线开关，可使灯具别有一番情趣（图4-6）。

⑤ 触摸感应式。触控式台灯的原理是内部安装电子触摸式IC，与台灯触摸处的电极片之间，形成一个控制电路。当人体碰触到感应电极片，触摸信号借由脉动直流电产生一个脉冲信号传送至触摸感应端，接着触摸感应端会发出触发脉冲信号，就可控制开灯；如再触摸一次，触摸信号会再借由脉动直流电产生脉冲信号传送至触摸感应端，此时触摸感应端就会停止发出触发脉冲信号，当交流电为零时，灯自然熄灭。不过，有时停电后或电压不稳也会有自行亮灯情形，如果触摸接收信号敏感度极佳纸张或布也是可以控制的（图4-7）。

图4-5 遥控式

图4-6 拉线式

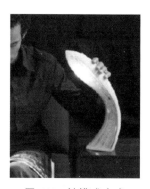
图4-7 触摸感应式

4.2 灯具造型设计中的形式美法则

4.2.1 对比与调和

对比是相对或相互矛盾的要素。直与曲、动与静、简单与复杂、光滑与粗糙、冷与暖、鲜艳与灰色等都可以形成对比。应用的表现手法可产生活力与动感，也可起到强调突出某一部位或主题的作用，使设计对象个性鲜明（图4-8）。

调和是指整体中各个要素之间的统一协调。调和可使各要素之间相互产生联系，彼此呼应、过度、中和，形成和谐的整体，产生秩序美（图4-9）。

图4-8 色彩对比

图4-9 PH灯系列——调和

对比与调和既可强化和协调形态的主从关系，又能充实形态的视觉情感。但是具体运用中要恰当，如果对比过度则产生杂乱之感，而调和过度则显得静止、缺少活力。该法则的运用既要考虑主次关系，突出要表达的主题，又不可对比过于强烈，使形态失去整体的协调性。应力求在对比中求调和，在变化中求统一。

4.2.2　比例与尺度

比例是指部分与部分、或部分与整体之间的数量比例关系。黄金分割比（1：1.618）是全世界公认的一种美的比例。

尺度是指形态与人的使用要求之间的关系。一般来说，尺度都有一定的尺寸范围，是受人的体形、动作和使用要求所制约的。

好的设计都同时有着合理的尺度和美的比例（图4-10和图4-11）。

图4-10　比例与尺度（1）　　　　　图4-11　比例与尺度（2）

4.2.3　节奏与韵律

节奏与韵律是来自音乐的概念。节奏是按照一定的条理秩序，重复连续地排列，形成一种律动。节奏在视觉艺术中是通过线条、色彩、形体、方向等因素有规律地运动变化而引起人的心理感受。它有等距离的连续，也有渐变、大小、明暗、长短、形状、高低等的排列。

在设计中，线条的疏密、刚柔、曲直、粗细、长短和形体的方圆、色彩的明暗等有规律的变化可以形成形态的节奏与韵律。在具体的形态设计中，可以利用反复、渐变来表现律动美（图4-12和图4-13）。

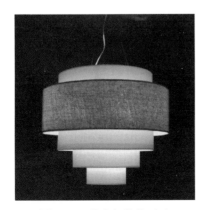 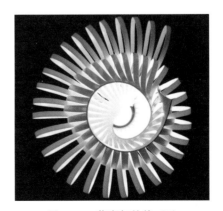

图4-12　节奏与韵律（1）　　　　　图4-13　节奏与韵律（2）

4.2.4 稳定与轻巧

稳定是指形体客观物理上的稳定性与主观视觉心理上的稳定感。形态要达到平衡才能稳定，平衡包括对称所产生的绝对平衡和均衡所产生的相对平衡。正方体、正三棱锥体具有很好的稳定性。影响形态稳定的因素还有中心高低、接触点面积大小、数量多少等因素。形体尺度高则重心上移，容易形成轻盈之感；形体尺度底则重心下降，给人稳重踏实之感。形体底部的接触面积大，则稳定感强，反之则轻巧感强（图 4-14 和图 4-15）。

图 4-14　轻巧感

图 4-15　稳定感

在形态设计中，巧妙地利用线、面、体的分割与组合也能够使本来显得粗笨的形体变得轻盈灵巧。稳定与轻巧的处理要恰当，过于稳定则显得笨重；过分轻巧则显得不稳定。

4.3　灯具造型设计方法

灯具设计当然不是没有方法，但要根据具体情况来，不能生搬硬套，纸上谈兵，不存在一套"放之四海而皆准"的方法。下面提到的方法是产品设计的一般方法，无论运用哪一种，都要兼顾人性、环保等原则，遵循整体协调统一的法则。而且每一种手法都不是孤立存在的，而是相互交织、互相渗透在一起的。

LED 光源与其他光源存在差异，在套用到传统光源的灯具中时，会产生许多缺点，如炫光、散热不佳、光型不美等问题。所以在设计套用传统形式的灯具时，就要注意使用避开这些缺点的方法；如果条件许可，甚至应该根据 LED 光源的优点，以及前面提及的基本照明需求，做出全新的灯具设计。如果能抓住 LED 光源的特性与优缺点，再加上正确的设计观念，就能让 LED 产品不论在外观、光型上，展现出比传统灯具更加的吸引力。

要成为好的灯具设计师，要多看，多感悟，多实践；要看自然、大师的作品，了解文化，感悟生活，这也是站在巨人的肩膀上去设计的道理，让灵感随意迸发是要靠多年的积累和沉淀的。设计有时候是自己的经验、生活的感悟，技巧都是在实践过程中得来的经验，应用要随机应变，活用的方法才是好的方法。

4.3.1 仿生——向自然借智慧

把人或动植物的各种生物特征通过提炼形成视觉符号，再运用到产品设计中来，具体可以分为具象仿生和抽象仿生。潜艇仿生鲸鱼，汽车仿生昆虫，船桨仿生鱼鳍……同样的，灯具从外形上可以模仿自然界的植物和动物（图 4-16～图 4-21）。

图 4-16　抽象仿生　　　　　　　　图 4-17　具象仿生

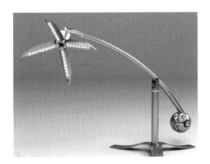
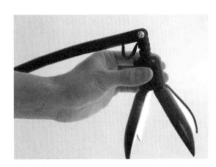

图 4-18　植物仿生（1）　　　　　　图 4-19　植物仿生（2）

图 4-20　动物仿生（1）　　　　　　图 4-21　动物仿生（2）

① 具象仿生。具象仿生，是直接将仿生对象的全部或者大部分特征转移到设计上；

② 抽象仿生：抽象仿生，是将产品的重要或部分特征，甚至是类比特征直接或间接地运用到产品设计中。

4.3.2　演绎——学习经典

模仿对于初学者来说是比较有效的学习手段，一种风格或者式样的风行往往是对某一经典的认可和模仿。模仿设计时最好以灯具以外的其他产品为参照，先把经典设计的优点进行分析，归纳出设计特点和最精彩的造型语义，然后尝试自己发挥，可以从局部入手，也可以从整体感觉开始，进一步地利用同一种设计语言进行演绎，移花接木地将其他产品的特点应用到灯具设计上。

演绎的方式要求设计师具备几个基本素质。首先，演绎不是翻译，不是拷贝粘贴，是对经典的设计语言的体会和消化。模仿首先应当是设计师积累设计经验的学习方法，其次才是设计实务中应用的手段。

如图 4-22 所示，在电灯发明之前油灯已经沿用了千年，而且是唯一可靠的灯光来源。这个新的 LED 灯命名为石蜡油，是因为石蜡油曾经是广泛使用的灯具燃料之一。延续了这一辉煌，这个新的 LED 灯（Paraffina）也将成为人们最值得信赖的新光源。

某些东西，虽然已经不再使用，但仍然为念旧的人们所熟知，就像它从未消失过一样。油灯（图 4-23）就是其中的一件物品，它消失在我们生活中很长一段时间，现在只能在不通电的偏远地区才能见到。在照明科技领域，LED 技术的突破性发展，让灯具在很短的一段时间内进步了很多，带来了一次超越以往全新的革命。

如图 4-24 所示的 Flame（火焰）的灵感来源于人类关于灯光最初的记忆，来源于传统的蜡烛和油灯所能渲染和营造的诗意光影和氛围。采用"火焰"这个元素，不仅是由于它本身丰富的象征意义和怀旧情感，更是通过这种将最古老的灯火形式与现代 LED 技术结合在一起碰撞而出的创意火花。

如图 4-25 所示的 Tamtam（传鼓）是一种古代用来长距离传递消息或宣布重要信息的鼓。通过其简化的传统形态，Tamtam 寓意 LED 灯的节能环保照明理念如同击鼓传花一样能够迅速扩散和传播开来。

图 4-22 Paraffina
（石蜡油）

图 4-23 Ricordo
（油灯）

图 4-24 Flame
（火焰）

图 4-25 Tamtam
（传鼓）

4.3.3 搭积木——几何化设计

变幻无穷的灯具产品形状和尺度也会带给人不同的心理感受。圆形给人圆满完整的感觉，其曲线特性常常被赋予女性化，代表了温暖、舒适。直线条边形（尤其是三角形）通常代表着稳固、安全和平等。波浪形、螺旋形具有节奏和韵律，给人以连绵不断的感觉，如图 4-26～图 4-29 所示。

图 4-26 几何球形吊灯

图 4-27 几何球形三角形吊灯

图 4-28　几何圆柱形吊灯

图 4-29　PH 吊灯

4.3.4　提炼——向传统文化学习

　　每个国家、地区和民族都有自己辉煌灿烂的文化，对一个国家或地区所特有的社会、民族、政治文化的特色特点进行提炼，特别是传统的视觉产品与图饰，融入到灯具设计中，就更能够满足当地人民的需求，而且通过日常灯具的使用来进一步宣传自己国家或地区的文化，达到独特效果，如图 4-30 和图 4-31 所示。

图 4-30　扇形灯

　　灯具设计中文化元素的选择与应用，要考虑古典或者现代文化视觉元素中的寓意与灯具产品内在的有机联系。对具体的企业来说，灯具文化元素的选择要与企业品牌形象构建内在联系，并且要考虑到不同产品之间文化元素的构成连贯与系列变化。

4.3.5　自由创作——体验生活

　　即使是自由创作，也是因为多年的积累和沉淀，设计时没看任何事物而直接创作，实则是因为过去看的事物的积淀。

　　纵观大师们的成就，多是来自于对生活的认知，他们锻炼的是"智慧"而不仅仅是"技术"。创意设计，创意来自生活的智慧训练，设计来自学习的方法训练，二者缺一不可（图 4-32 和图 4-33）。

图 4-31　传统元素借鉴灯具

图 4-32　拉环吊灯

图 4-33　吊灯

4.4 优秀案例鉴赏

【例4.1】 Leaf Light 叶灯（图4-34～图4-37）。

图 4-34　叶灯（1）

图 4-35　叶灯（2）

图 4-36　叶灯（3）

图 4-37　叶灯（4）

Leaf Light 是美国家具商的巨头 Herman Miller 推出的一款 LED 台灯，两片铝制叶子通过一个简单的铰链连接，顶端三排突起的孢子形状安装了 20 个 LED 灯，每个突起中有一个细孔为灯泡提供散热（不需要风扇），头部和颈部也有散热通道让热量可以传递到底座上得到散发，由于这种高效的散热设计，使用户可以随时操作这个灯。底座有一个调光器，可以调整光的亮度和颜色，当然，可以根据个人的喜好来更换灯头。Leaf Light 比普通灯泡节约 40％ 的能量，寿命为 10 万小时。

设计者为著名的 Yves Béhar 以及他领导的 Fuseproject。Yves Béhar 也是一个很会说故事的设计师，他说："我认为设计的目的不仅仅是给我们看到未来，而是把我们带到未来"。

【例4.2】 插线板 LED 灯（图4-38）。

这款插线板带有四个触摸按钮，每一个按钮包含一个节能 LED 灯，并控制相对应的插线板插口电源。当触摸按钮接通设备时，LED 灯便会发出柔和的黄光，起到照明的作用。把它挂在墙上，既美观时尚，也能提醒用户不要忘记关闭电源，节约用电。

【例4.3】 可以挤压的灯（图4-39）。

由设计师 Diana Lin 带来的可以挤压的灯，是一个解压疗伤的好工具，与日本众多玩具产品不一样，他将发泄延伸到了日常用品。灯由极富弹性的有机硅胶球形外体以及内部的 LED 白光灯组成，并且配备一个 5V 的适配器。当心情不好的时候，用双手挤压它们，使得它们变成任意形状，然后再吊起来尽情观赏吧。

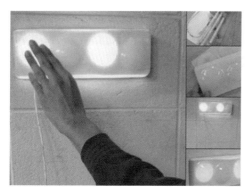

图 4-38　插线板 LED 灯

图 4-39　可以挤压的灯

【例 4.4】LED 吊环灯（图 4-40 和图 4-41）。

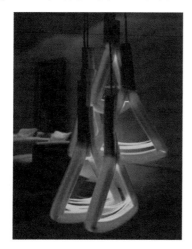

图 4-40　吊环灯（1）

图 4-41　吊环灯（2）

一家波兰灯具设计公司推出了这款造型独特的 LED 装饰灯。在设计师的巧妙设计下，线材不再被隐藏，而是用来帮助灯具制造漂亮的造型效果。而这款 LED 吊灯则仿造体操吊环的造型，圆形的吊环把手被改装成三角形状，中间还镶嵌了玻璃，让光线得到折射。晚上看来，漫射的蓝色光线让房间有一种幽静的感觉。

【例 4.5】释放香味的灯（图 4-42 和图 4-43）。

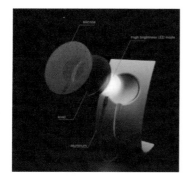

图 4-42　释放香味的灯（1）

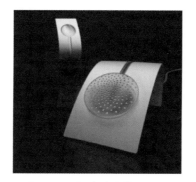

图 4-43　释放香味的灯（2）

这是一款可以释放香味的照明灯，它由内部的 LED 灯泡发光，同时还含有一块特制的香皂可以散发香味。把这款灯摆放在卫生间里，不仅可以照明，还可以令空气中弥漫香气。

【例 4.6】Ping Lamp（图 4-44）。

图 4-44　Ping Lamp（拼灯）

　　光，就是我对你的思念。Ping Lamp 就是用来表示思念的灯，完美的造型，合起来是一颗完整的心，分开来如同发光的花瓣，通过两片分开却和网络相连的 LED 台灯来传达相思之情，只要开启自己的思念灯，心上人那盏灯也会同时点亮，于黑暗感受到那一边某人默默思念着自己，并且可以相互调节亮度来互动传情达意，光线更亮来表示你的心情更强烈，让爱意穿越时空，去照亮自己的心上人。

【例 4.7】热水壶灯（图 4-45 和图 4-46）。

图 4-45　热水壶灯（1）

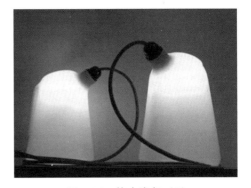

图 4-46　热水壶灯（2）

　　来自比利时的设计师 Pieter Bostoen 的 LED 灯作品，富有创意的灯具造型内置 LED 光源，灯壳用聚乙烯材料设计制作，如日常生活的 1.5L 容量热水壶形状，额外的电线如同水管般延伸并接入水壶中，里面流出的不是水，而是纯净洁白的光，装满后亮堂堂变成一个光壶。具有生活气息的 LED 灯，你可以灵活地将它随意摆放，放在沙发、床头、书桌、计算机旁，成为非常有趣和独特的情景灯。

【例 4.8】石头灯（Stone Lamp）

　　石头灯（图 4-47）系列灯具是由 Shibaya 设计的。顾名思义，石头灯使用的材料是天然石头和木材，内置 LED 光源。每个石头的形状都不一样，因此每个石灯都是独一无二的。当 LED 石灯亮起来的时候，石头内镂空的蝴蝶图案就会发光，并映在石头表面，如此贴近自然的灯光设计非常美观，放置在园林里，作为 LED 景观灯很不错，在夜色中让人眼前一亮。

【例 4.9】花瓣灯（图 4-48）。

图 4-47 石头灯

图 4-48 花瓣灯

如花朵翩然降落到墙壁上，每一朵花瓣中间藏着 LED 灯，散发出柔和的光线，衬出 LED 花瓣灯的通透秀丽，这款 LED 壁灯将布艺和灯光完美结合，让家里的白墙告别单调，增加更多的情调。

【例 4.10】翻开的书本 LED 台灯（图 4-49 和图 4-50）。

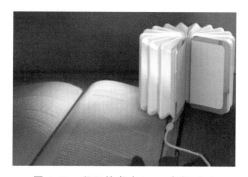

图 4-49 翻开的书本 LED 台灯（1）

图 4-50 翻开的书本 LED 台灯（2）

LED 台灯不仅能够为晚间阅读提供良好的照明，还可以被设计师设计成书本的模样。书籍是人类进步的阶梯，这样的设计更加应景。使用时只要通过开合书页，就能轻松调整光线的强度和照明方向，是不是非常方便，合起来后它还可以藏身于书架当中，收纳起来能为工作台空出不少空间。

【例 4.11】Kelvin LED 台灯（图 4-51）。

图 4-51 Kelvin LED 台灯

Kelvin LED 台灯则是由 Anotonio Citterio 和 Toan Nguyen 合作的创新杰作，保有 Flos 灯具的极简外貌与人性设计。专为 Ermenegildo Zegna 设计的黑灰色系，是针对 Ermenegildo Zegna 以羊毛质料著称的呼应设计。

【例 4.12】海鸥 LED 吊灯（图 4-52）。

这款 LED 吊灯的造型和功能均来自于海鸥，为响应生态趋势，采用了能耗较小的 LED 作为光源。这款灯有两个旋钮，前面的用来调节光的亮度，后面的用来调节光的角度。翅膀的位置可以根据可选档位进行调整，也可以模仿海鸥翅膀的摆动，这款灯的设计把美学与功能有机结合，不仅提供了好的照明，还能吸引用户与灯具进行交互，带来娱乐。该设计获 2011 年产品设计红点奖。

【例 4.13】 珊瑚 LED 桌灯（图 4-53）。

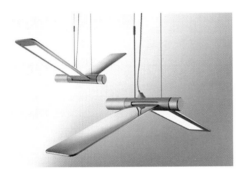

图 4-52　海鸥 LED 吊灯

图 4-53　珊瑚 LED 桌灯

这款珊瑚灯是一个 LED 桌灯，灵感来源于精美的海洋珊瑚。模仿自然界珊瑚如何反射光线，珊瑚灯营造了一个令人如痴如醉的桌面、顶棚或地面环境。由于特殊的光线散布技术，LED 灯泡发出的光线能被均匀分布。

【例 4.14】 珊瑚 LED 吊灯（图 4-54）。

这款 Coral 吊灯是由中国台湾地区的 Qisda 公司生产的，其设计灵感来源于珊瑚的形状。该产品设计获 2009 年红点奖。LED 通过类似于花的单元进行发光照明，光影交织，如梦如幻。

【例 4.15】 珊瑚 LED 地灯（图 4-55）。

图 4-54　珊瑚 LED 吊灯

图 4-55　珊瑚 LED 地灯

珊瑚礁形成了地球上最多样的生态系统。它们为数以百万计的有机体提供营养与保护。珊瑚的微结构沐浴在水下令人着迷的光影环境中，由于太阳光的作用有时看起来像扇子或垫子，这款"珊瑚礁 LED 落地灯"的形式语言灵感来源于珊瑚礁的光效。该产品设计获 2011 年红点奖的"奖中奖"。

其有机形态及精细设计让观者感叹不已。这款灯具由相互重叠但可独立调整光线的单元组成，每一部分可旋转 120°，可根据用户需要很容易同时照亮 3 个不同区域。

通过数个小型的节约能源的 LED 的使用，其光照及功能交互给人留下深刻的印象。因 LED 几乎不产生任何热量，接触发光元件是完全安全的。

【例 4.16】水晶灯（图 4-56）。

这款 LED 水晶灯以令人着迷的色彩吸引着消费者。它由各种发银光的水晶单元组成，通过光的反射灯具像钻石一样闪烁。消费者可根据自己意愿组装这些组件，每个组件由磁铁相连。这些交互的特点由于 LED 低温的特性而得以实现。消费者可以通过遥控器来控制光的强弱。这款灯不仅为消费者提供照明，也激发了他们的想象力。

【例 4.17】钢琴 LED 桌灯，2010 年红点奖获奖作品（图 4-57）。

这款 LED 灯以经典钢琴优雅的设计概念反映了当代家庭装饰的需求。其功能与形式和谐统一。类似于钢琴键盘，这款灯由独立的单元组成，每个单元可相对和谐地独立工作，视觉上让人想起 12 个按键。发光板的前后照明强度不同，可根据个人喜好，通过微微倾斜单个部分，实现不同照明状态。

【例 4.18】Novallure LED 蜡烛灯，2010 年红点奖获奖作品（图 4-58）。

图 4-56 水晶灯

图 4-57 钢琴 LED 桌灯

图 4-58 Novallure
LED 蜡烛灯

创新的 B35 LED 灯是对传统电子灯泡以用户为方向的再现。其经典的外观造型是对 LED 技术的突破。光的质量也可以进行特定的配置以获得令人印象深刻的白炽蜡烛灯。由于寿命较长，这种可持续发展的产品解决方案减少了能源的消耗，提高了个人碳足迹。

【例 4.19】On Line 照明系统，2011 年红点奖"奖中奖"（图 4-59）。

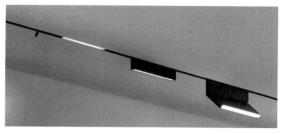
图 4-59 On Line 照明系统

On Line 照明系统以创新的设计概念带来最纯粹的设计，以新的方式再现了已设定的照明系统。On Line 为规划者使用节约能耗的 LED 提供了可能性。这个照明系统由于内置或镶嵌在顶棚表面而在室内创建了一种连贯的直线。连接系统使用了功能强大、设计独特的磁铁，可以使用相互补充的不同 LED 灯，并能根据意愿重新定位。尽管它们看上去很相似，但彼此都有自己独特的照明质量。

【例 4.20】FreeStreet 路灯系统（图 4-60）。

由于 2015 年欧盟禁止使用传统的汞蒸气灯，城市规划者正寻求创新的解决方案。这款 FreeStreet 路灯系统提供了一种先进的令人兴奋的解决方案。摒除了传统的灯柱，取而代之的是沿着钢索（白天看不见）的 LED 连接线。最终效果好像是灯飘在半空中。

【例 4.21】Endural LED R20 泛光灯，2011 红点奖作品（图 4-61）。

这款 R20-6W LED 灯，是 50W 钨丝灯泡的替换，满足了最新的能量消耗和明度需求，节约了能源（88%），并导致成本降低。其技术与美学上都不同于竞争对手。由于在 20 年的使用寿命期间基本不需要替换，因此维修费用也被大量缩减。

【例 4.22】水晶 LED 烛灯，2013 年红点奖（图 4-62）。

图 4-60　FreeStreet 路灯系统　　　图 4-61　Endural LED 泛光灯　　　图 4-62　水晶 LED 烛灯

传统的水晶玻璃与最新的 LED 技术以及特殊的生产工艺有效结合，这款灯具的设计灵感来源于钻石切割：玻璃可以切割出 132 个面，把光的反射最大化，使灯具具有强大的照明源。由于 LED 技术的采用，这款灯比奇特蜡烛形状的光源缩短了 20%，可节约 90% 的能量。

【例 4.23】DayZone 办公室照明（图 4-63）。

图 4-63　DayZone 办公室照明

办公室照明必须在不妥协视觉效果的同时抓住 LED 的优势技术。DayZone 办公室照明可以镶嵌在天花板，荧光系统的能效提供了引人注目的光效和出色的外观，完全不同于传统的荧光顶灯设计，很适合石膏天花板。光控和色彩的一致性都符合当下和未来的办公室照明标准。

【例 4.24】可充电式 LED 护眼台灯，获 2010 年红点设计奖（图 4-64 和图 4-65）。

图 4-64 可充电式 LED 护眼台灯（1） 图 4-65 可充电式 LED 护眼台灯（2）

这款灯具是为儿童设计的，并且是世界上第一款获得认证的可充电式护眼学习灯。它没有紫外线或远红外线的辐射，也不会散发热量。这款灯的光线柔和适度，对眼睛没有任何伤害，非常适合儿童使用。充满电后可以连续使用 6h。目前这款产品有 4 种颜色可供选择。

【例 4.25】Rim 台灯（图 4-66 和图 4-67）。

图 4-66 Rim 台灯（1） 图 4-67 Rim 台灯（2）

光秃秃的灯泡悄然躲在简洁的灯罩后面，可以像摄影棚中的照明器材一样照射出柔和而温暖的光线，钢材、铝材、织物构成了 Rim 台灯的各个部分。通过台灯背面的结构我们不难看出使用者还可以根据需求旋转调整灯罩的角度进而控制照明的方向。简洁不失创意的现代造型让 Rim 台灯，完全可以适合很多不同家居风格的空间。

【例 4.26】太阳能 LED 嵌入式灯具，2013 年红点奖（图 4-68）。

这款太阳能 LED 灯的独特特点是反射体与创新的灯管光学系统的融合。灯管捕捉到光束并把它传到反射表面，反射表面把光再反射到有特殊涂层的凹体上，把光散射出来。通过这种方式，可产生一种令人愉悦的白光，并且光的质量较好，并具有较高的能效。

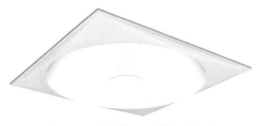

图 4-68 太阳能 LED 嵌入式灯具

【例 4.27】PadLED 吸顶灯，2013 年红点奖（图 4-69）。

PadLED 是一款极简抽象风格的安装于表面的照明系统。附着于天花板的底座元素可充当动力供给源，底座单元经由带有集成电导的平的自粘带相互连接。方形的垫子通过磁铁的方式被连接到底座上。这种垫子是铝材的，具有很好的散热性。垫子上可根据各自的需求添加不同的装饰。

图 4-69　PadLED 吸顶灯

【例 4.28】Punto 明装照明设备，2013 年红点奖（图 4-70）。

这款 Punto 照明灯采用了 LED 技术，并以其平圆的发光体而具有较强的艺术美感。这种安装于表面的泛光灯有 3 种尺寸规格和额定功率，可以作为全套照明系统，也可以作为具有外部转换器的光源。不管装在墙上、天花板上或者被保护的外部区域，Punto 灯适合任何房间结构。它坚实优化的散热构造值得信赖。

【例 4.29】Friends 吊灯，2013 年红点奖（图 4-71）。

图 4-70　Punto 照明灯　　　　　　　图 4-71　Friends 吊灯

Friends 灯具把能源节约与独具特色的设计有效结合，一组展现时有很强的视觉冲击力，单个时具有符号性、偶像性。其有机的轮廓让人感觉是从悬挂灯具的缆绳上掉下的一滴水。采用了塑料和金属两种材料，有各种尺寸，并有 4 种颜色可选。

【例 4.30】Tweeter 室内照明灯具，2013 年红点奖（图 4-72 和图 4-73）。

图 4-72　Tweeter 室内照明灯具（1）　　　图 4-73　Tweeter 室内照明灯具（2）

Tweeter 突出特点是灯具的旋转和倾斜的特性，这种特性是通过使用特殊的不对称铰链安装技术而获得的。旋转的机械装置（构造）的设计使得光束不受干扰而获得最大的光效。

第 5 章
LED 灯具设计

学习要点

① 了解国内外灯具相关标准，掌握 LED 灯具光源的特性。
② 学习 LED 灯具常用散热方法，理解温控电路的工作原理，并能进行电路分析。
③ 掌握 LED 灯具进行二次光学设计的特点与原理，熟练运用前面学到的知识进行有针对性的灯具设计。
④ 掌握提高 LED 灯具效率和照明系统光效的方法，了解 LED 灯具发展趋势。

5.1 国际和国内 LED 灯具相关标准简介

1）现有灯具标准适用于 LED 灯具

目前已有的灯具国家标准都适用于 LED 灯具，包括安全、性能、电磁兼容和能效等，只是 LED 灯具的一些已知特性在现有标准中尚无具体体现，所以应在现有标准的基础上，为保证 LED 灯具具有良好的性能和能效，针对 LED 灯具的特性，制定 LED 灯具特殊的性能和能效标准。

在现有灯具国家标准体系的范畴内，已有两个灯具的性能要求，即国家标准 GB 9473—2008《读写作业台灯性能要求》和国家标准 GB 7000.5—2005《道路与街路照明灯具性能要求》，这两个标准也同样适用于 LED 灯具。也就是说，当评价 LED 灯具时，应使用如下的国家标准。

GB 7000.204—2008《灯具第 2～4 部分：特殊要求可移式通用灯具》。

GB 7000.1—2007《灯具第 1 部分：一般要求与试验》。

GB 9473—2008《读写作业台灯性能要求》。

GB 17743—2007《电气照明和类似设备的无线电骚扰特性的限值和测量方法》。

GB 17625.1—2003《电磁兼容限值谐波电流发射限值（设备每相输入电流≤16A）》。

GB/T 18595—2001《一般照明用设备电磁兼容抗扰度要求》。

GB 17625.2—2007《电磁兼容限值对每相额定电流≤16A 且无条件接入的设备在公用低压供电系统中产生的电压变化、电压波动和闪烁的限制》。

评价道路照明灯具的国家标准如下。

GB 7000.5—2005《道路与街路照明灯具安全要求》。

GB 7000.1—2007《灯具第 1 部分：一般要求与试验》。

GB/T 24827—2009《道路与街路照明灯具性能要求》。

GB 17743—2007《电气照明和类似设备的无线电骚扰特性的限值和测量方法》。

GB 17625.1—2003《电磁兼容限值谐波电流发射限值（设备每相输入电流≤16A)》。

GB/T 18595—2001《一般照明用设备电磁兼容抗扰度要求》。

GB 17625.2—2007《电磁兼容限值对每相额定电流≤16A 且无条件接入的设备在公用低压供电系统中产生的电压变化、电压波动和闪烁的限制》。

2）我国已经制定的灯具国家标准和行业标准

我国制定的灯具安全标准、光度测量标准、常用灯具的性能标准和电磁兼容标准见表 5-1～表 5-4。

表 5-1　我国有关灯具安全的标准

序号	标准号	中文标准名称	备注
1	GB 7000.1—2007	灯具第 1 部分：一般要求与试验	
2	GB 7000.10—1999	固定式通用灯具安全要求	
3	GB 7000.201—2008	灯具第 2 部分：特殊要求 固定式通用灯具	2010-2-1 实施,代替 GB 7000.10—1999
4	GB 7000.12—1999	嵌入式灯具安全要求	
5	GB 7000.202—2008	灯具第 2-1 部分：特殊要求 嵌入式灯具	2010-2-1 实施,代替 GB 7000.12—1999
6	GB 7000.5—2005	道路与街道照明灯具安全要求	
7	GB 7000.11—1999	可移式通用灯具安全要求	
8	GB 7000.204—2008	灯具第 2-4 部分：特殊要求 可移式灯具	2010-2-1 实施,代替 GB 7000.11—1999
9	GB 7000.7—2005	投光灯具安全要求	
10	GB 7000.6—2008	灯具第 2-6 部分：特殊要求 带内装式钨丝灯变压器或变换器的灯具	
11	GB 7000.3—1996	庭院用可移式灯具安全要求	
12	GB 7000.207—2008	灯具第 2-7 部分：特殊要求 庭院用可移式	2010-4-1 实施,代替 GB 7000.13—1999
13	GB 7000.13—1999	手提灯安全要求	
14	GB 7000.208—2008	灯具第 2-8 部分：特殊要求 手提灯	2010-2-1 实施,代替 GB 7000.13—1999
15	GB 7000.19—2005	照相和电影用灯具(非专业用)安全要求	
16	GB 7000.4—2007	灯具第 2-10 部分：特殊要求 儿童用可移式灯具	
17	GB 7000.211—2008	灯具第 2-11 部分：特殊要求 水族箱灯具	2010-2-1 实施
18	GB 7000.212—2008	灯具第 2-12 部分：特殊要求 电源插座安装的夜灯	2010-2-1 实施
19	GB 7000.213—2008	灯具第 2-13 部分：特殊要求 地面嵌入式灯具	2010-2-1 实施
20	GB 7000.15—2000	舞台灯光、电视、电源及摄影场所(室内外)用灯具安全要求	
21	GB 7000.217—2008	灯具第 2-17 部分：特殊要求 舞台灯光、电视、电影及摄影场所(室内外)用灯具	2010-2-1 实施,代替 GB 7000.15—2000
22	GB 7000.8—1997	游泳池和类似场所所用灯具安全要求	
23	GB 7000.1—2007	灯具第 2-18 部分：特殊要求 游泳池和类似场所所用灯具	2010-2-1 实施,代替 GB 7000.8—1997
24	GB 7000.1—2007	通风式灯具安全要求	
25	GB 7000.1—2007	灯具第 2-19 部分：特殊要求 通风式灯具	2010-2-1 实施,代替 GB 7000.14—2000
26	GB 7000.1—2007	灯具第 2-20 部分：特殊要求 灯具	
27	GB 7000.1—2007	灯具第 2-22 部分：特殊要求 应急照明灯具	
28	GB 7000.1—2007	钨丝灯用特低电压照明系统安全要求	
29	GB 7000.1—2007	限制表面温度灯具安全要求	
30	GB 7000.1—2007	医院和康复大楼诊所用灯具安全要求	
31	GB 7000.1—2007	灯具第 2-22 部分：特殊要求 医院和康复大楼诊所用灯具	2010-4-1 实施,代替 GB 7000.16—2000

表 5-2　我国有关灯具光度测量的标准

序号	标准号	中文标准名称
1	GB/T 7002—2008	投光照明灯具光度测试
2	GB/T 9468—2008	灯具分布光度测量的一般要求

表 5-3　我国有关灯具性能的标准

序号	标准号	中文标准名称
1	GB/T 9473—2008	读写作业台灯性能要求
2	GB 24461—2009	洁净室用灯具技术要求
3	GB/T 24827—2009	道路与街道照明灯具性能要求

表 5-4　我国有关灯具电磁兼容的标准

类别	标准号	中文标准名称
电磁干扰（EMI）	GB 17743—2007	电气照明和类似设备的无线电骚扰特性的限值和测量方法
	GB 17625.1—2003	电磁兼容 限值 谐波电流发射限值（设备每相输入电流≤16A）
	GB 17625.2—2007	电磁兼容 限值 对每相额定电流≤16A且无条件接入的设备在公用低压供电系统中产生的电压变化、波动和闪烁的限制
抗电磁干扰（EMS）	GB/T 18595—2001	一般照明用设备电磁兼容抗扰度要求

此外，我国还制定了 GB 20145—2006《灯和灯系统的光生物安全性》及 CQC 3105—2009《道路照明灯具节能认证技术规范》等标准。

3）国际性和地区的安全和基础标准

（1）IEC 关于 LED 产品的标准体系

LED 用于照明产品后，IEC 陆续出版了数个 LED 照明产品的标准，包括一般安全和性能要求、激光安全性标准和灯的生物安全性标准。

① 源自 IEC TC34 的一般安全要求和性能要求。TC34 关于 LED 产品的标准情况如下所示。

a. 源自 IEC TC34/SC 34A（灯，含 LED 和辉光启动器）的标准：IEC 62031 第 1 版（2008—2001）《一般照明用 LED 模块安全要求》，IEC/PAS 62612 第 1 版（2009—2006）《一般照明用自镇流 LED 灯——性能要求》。

b. 源自 IEC TC34/SC34B（灯头和灯座）的标准：IEC 60838-2-2 第 1 版（2006—2005）《杂类灯座第 2-2 部分：特殊要求 LED 模块用连接器》。

c. 源自 IEC TC34/SC34C（灯用附件）的标准：IEC 61347-2-13 第 1 版（2006—2005）《灯的控制装置第 2-13 部分：直流或交流供电的 LED 模块电子控制装置的特殊要求》，IEC 62384 第 1 版（2006—2008）＋Al（2009—2007）《直流或交流供电的 LED 模块电子控制装置性能要求》，IEC 62386—207 第 1 版（2006—2008）《可寻址数字照明接口第 207 部分：控制装置的特殊要求 LED 模块（设备类型 6）》。

d. 源自 IEC TC34/SC34D（灯具）的标准：IEC 60598-1 第 7 版（2008）《灯具第 1 部分：一般要求与试验（GB 7000.1—2007 灯具第 1 部分：一般要求与试验）》，IEC 60598-2 系列（GB 7000 具体灯具产品标准系列）。

IEC TC34/SC34D 正着手起草《嵌入式 LED 灯具性能要求》。正在制定中的该标准规定了以整体式或内装式 LED 模块和 LED 装置作为光源、电源电压不大于 1000V 的嵌入式 LED 灯具的性能要求。《嵌入式 LED 灯具性能要求》参考了"能源之星"对固态照明灯具的要求和 IEC/PAS 62612 的规定。

上面列出了 IEC TC34 与 LED 相关的产品标准，其中等同采用 IEC 60838-2-2 和 IEC60598-1 的我国国家标准均已发布实施，等同采用 IEC 62031、IEC 61347-2-13 和 IEC 62384 的国家标准已报批国家标准化管理委员会，IEC 62386—207 已列入 2009 标准计划。

IEC/PAS 62612 第 1 版（2009-06）《一般照明用自镇流 LED 灯性能要求》是一个公众可获得的技术规范，还没有作为出版物正式出版，相关产品即《电压＞50V 的普通照明用自镇流 LED 灯性能要求》的国家标准也处于报批阶段。

② 源自 IEC/TC76 的激光安全性标准和灯的生物安全性标准。IEC/TC76 标委会制定的与 LED 相关的标准如下所示。

a. IEC 60825-1：2007《激光产品的安全第 1 部分：设备分类、要求》。

b. IEC 62471：2006《灯和灯系统的光生物安全性》。

c. IEC/TR 62471-2：2009《灯和灯系统的光生物安全性第 2 部分：非激光光学辐射安全的制造导则》。

③ 源自 CISPR、IEC TC77 和 IEC TC34 的 EMC 标准。

a. 源自 CISPR 的 EMI 标准。CISPR 15：2005《电气照明和类似设备的无线电骚扰特性的限值和测量方法》。

b. 源自 IEC TC77A 的 EMI 标准。IEC 61000-3-3：2005《电磁兼容限值对每相额定电流≤16A 且无条件接入的设备在公用低压供电系统中产生的电压变化、电压波动和闪烁的限制 TC77A 低频现象》。

c. 源自 TC34 的 EMS 标准。IEC 61547：1995《一般照明用设备电磁兼容抗扰度要求》。

（2）美国关于 LED 产品的标准体系

① 源自美国国家标准协会（ANSI）的标准。

a. ANSI C78.377—2008《SSL 固态照明产品的色度规定》。

b. ANSI C82《LED 装置、阵列或系统的电子驱动器》。

c. ANSI C82.77—2002《谐波发射限制照明电源的质量要求》。

② 源自北美照明学会 CIESNA）的标准。

a. IM-16-05《IESNA 的 IED 光源和系统的技术备忘录》。

b. RP-16-05《照明术语和定义》。

c. LM79—2008《固态照明产品电气和光学测试方法》。

d. LM80—2008《LED 光源光衰测试方法》。

③ 源自美国国家消防协会（NFPA）的要求，70—2005《国家电气法规》。

④ 源自 UL 的标准。

a. UL 8750《LED 光源用于照明产品的检测大纲》。

b. UL 1598《灯具》。

c. UL 153《可移式灯具》。

d. UL 1012《非 2 类电源单元》。

e. UL 1310《2 类电源单元》。

f. UL 1574《导轨照明系统》。

g. UL 2108《低压照明系统》。

⑤ 源自美国能源部（DOE）的标准。

对于合格判据涉及的各项要求，DOE 均给出了检测依据的标准，涉及的标准如下所示。

a. IES LM-79-08《批准的固态照明产品电气和光度测量方法》。标准规定了标准条件下进行总光通量、电功率、光强分布、色品的可重现性测量的程序和要遵守的预防措施。

b. IES LM-80-08《批准的测量 LED 光源光通量维持率的方法》。标准规定了 LED 光源光通量维持率的测量方法。

c. UL 1598：2004 灯具和 UL 153：2005 可移式灯具。标准规定了 SSL 灯具温度的测量方法。

（3）中国台湾地区关于 LED 产品的标准体系

① CNS 草制 0970406《发光二极管道路照明灯具》。

② CNS 草制 0970407《LED 组件与模块一般寿命试验》。

③ CNS 草制 0970408《发光二极管热阻量测》。

④ CNS 草制 0970409《发光二极管组件之光学与电性量测》。

⑤ CNS 草制 0970410《发光二极管模块之光学与电性量测》。

（4）韩国关于 LED 产品的标准体系

① KSC 7651—2009《内置变换器 LED 灯安全和性能要求（LED Lamps Using Internal-Converter-Safety and Performance Requirements）》。

② KSC 7652—2009《外置变换器 LED 灯安全和性能要求（LED Lamps Using ExternalConverter-Safety and Performance Requirements）》。

③ KSC 7653—2009《嵌入式和固定式 LED 灯具安全和性能要求（Recessed and FixedLED Luminaires-Safety and Performance Requirements）》。

④ KSC 7655—2009《LED 模块用直流或交流电子控制装置安全和性能要求（DC or ACSupplied Elec 位 onic Controlgear for LED Modules-Safety and Performance Requirements）》。

⑤ KSC 7656—2009《可移式 LED 灯具安全和性能要求（Portable LED Luminaires-Safetyand Performance Requirements）》。

⑥ KSC 7657—2009《传感器型 LED 灯具安全和性能要求（LED Sensor Luminaires-Safetyand Performance Requirements）》。

⑦ KSC 7658—2009《LED 道路与街路照明灯具安全和性能要求（LED Luminaires forRoad and Street Lighting-Safety and Performance Requirements）》。

⑧ KSC 7659—2009《文字招牌用 LED 模块安全和性能要求（LED Module for ChannelLetter Signs-Safety and Performance Requirements）》。

⑨ KSC IEC 60838-2-2—2009《杂类灯座第 2-2 部分：特殊要求 LED 模块用连接器（Miscellaneous Lampholders-Part 2-2：Particular Requirements-Connectors for LED-modules）》。

⑩ KSC IEC 62031—2008《普通照明用 LED 模块安全要求（LED Modules for GeneralLighting-Safety Specifications）》。

⑪ KSC IEC 61347-2-13《灯的控制装置第 2-13 部分：LED 模块用直流或交流电子控制装置特殊要求（Lamp Controlgear-Part 2-13：Particular Requirements for DC or AC SuppliedElectronic Controlgear for LED Modules）》。

⑫ KSC IEC 62384—2008《LED 模块用直流或交流电子控制装置性能要求（DC or AC-Supplied Electronic Controlgear for LED Modules-Performance Requirements）》。

（5）CIE 相关的照明基础标准

CIE 国际照明委员会下设 7 个专业分部：第 1 分部——颜色与视觉；第 2 分部——光与辐射的测量；第 3 分部——室内环境与照明设计；第 4 分部——交通运输照明及光信号；第 5 分部——室外照明及其应用；第 6 分部——光生物与光化学；第 7 分部：图像技术。每个分部下设有技术委员会。

① 源自第 1 分部/TC1-62 的技术报告。CIE 177：2007《白光 LED 光源的显色性》。

② 源自第 2 分部/TC2-45 的技术报告。CIE 127：2007《LED 的测量》。

③ 源自第 6 分部/TC6-26 的出版物。CIE 134：1999《CIE 收集的光生物学和光化学》。

④ 源自第 6 分部/TC6-47 的标准。CIE S 0091E：2002《灯和灯系统的光生物安全性》。

（6）目前国内出现的与公共照明相关的 LED 灯具标准

① 山东地方标准 DB 371T1229—2009《发光二极管路灯灯头通用技术条件》。

② 山东地方标准 DB 371T1181—2009《太阳能 LED 灯具通用技术条件》。

③ 福建地方标准 DB 351T811—2008《景观装饰用 LED 灯具》。

④ 福建地方标准 DB 351T812—2008《投光照明用 LED 灯具》。

⑤ 福建地方标准 DB 351T813—2008《道路照明用 LED 灯具》。

⑥ 福建地方标准 DB 351T852—2008《太阳能光伏照明灯具技术要求》。

⑦ 广东地方标准 DB 44/T609—2009《LED 路灯》。

4）LED 灯具标准有待完善

在现有灯具性能要求的基础上，应补充不同照明需求的性能标准，规定灯具的光度分布要求、灯具的小环境温度要求、灯具的可维护性要求和灯具的环境适宜性要求等，如隧道照明灯具的性能要求、教室照明灯具的性能要求。必须从 LED 灯具的特性出发，规定 LED 灯具性能的一般要求，其中包括流明维持率、结温相关点的温度监测、功率因数和能效等。除了补充 LED 灯具的一般性能要求，还要制定 LED 灯具性能的特殊要求，例如 LED 道路照明灯具的特殊性能要求、嵌入式 LED 灯具特殊性能要求、LED 台灯特殊性能要求等。有了《LED 灯具性能的一般要求》和某一种《LED 灯具性能的特殊要求》标准，就可以对某一种LED 灯具的性能和质量进行考核和评价。

5.2 LED 灯具的散热解决方案

LED 灯具所产生的热量主要有两个来源，一个是 LED 光源在工作过程中 PN 结的温升，另一个是 LED 驱动电路中的功率器件（如功率 MOSFET、功率二极管、变压器、电感和铝电解电容）所散发出来的热量。如果没有良好的散热设计和散热管理，会加速 LED 的光衰，降低 LED 的发光效率，缩短 LED 及驱动电路中元器件的使用寿命，极大地影响灯具的可靠性。一旦灯具内部温度超过 LED 及一些电子元器件的极限温度，将造成 LED 和某些电子元器件永久性损坏，整个 LED 灯具只有遗弃、报废。因此，灯具的散热是实现高效 LED 照明系统可靠工作的重要保障，是关系到 LED 灯具使用寿命的一项关键技术。

目前，解决 LED 灯具的散热问题有多种途径和技术措施，可供选择的解决方案如下所述。

1）选用散热性能优良的 LED 光源

在灯具散热系统设计中，首先要选择热阻小、散热性能良好的 LED 或 LED 模块。解决 LED 本身的散热问题，一是要提高 LED 芯片的发光效率，减少不发光的非辐射复合，从根本上减少 LED 晶格因振动（或振荡）产生的热量。二是要优化 LED 的结构，加装散热装置。

LED 模组的选择在降低温升方面起着重要作用。选择由导热系数高且一致性好的材料封装的 LED 灯珠，可提高内部的热扩散性。采用高导热性的金属（一般为铝）基板作灯芯板，使散热片温度分布均匀，可提高散热效果。

2）优化 LED 驱动电路设计，减少电气系统产生的热量

LED 照明电源都以普通电源尤其是开关电源的拓扑结构为基本架构，但是它与其他电源不同。LED 驱动电源必须在高温环境下长期工作，并且替代白炽灯和节能灯的 LED 灯一般都低于 25W，体积和空间很小，功率密度较大，因此对驱动电路的要求非常高。

优化 LED 驱动电路设计，必须根据不同的照明应用选择合适的拓扑结构来获得较高的转换效率，最大限度地减小功率损耗，减少驱动电源系统产生的热量。采用单级变换结构的一些 LED 驱动电路，可以不用对温度变化敏感的铝电解电容，这不仅有助于减少 LED 驱动电源的热量，而且有利于延长电源系统的使用寿命。

在 LED 照明电源中，应当使用耐高温的一些功率型电子元器件，像铝电解电容，就必须选用高温型（105℃）的元件。如果使用额定温度较低的常温型电容，往往在 3～5 年之内就会失效，这就会使寿命达 5 万小时至少可以使用十几年的 LED 仅能存留 3～5 年。目前很多 LED 灯不能点亮了，并不是 LED 本身失效，而是 LED 驱动电路发生故障所致。驱动电路中的功率 MOSFET 应选用导通电阻小和温度特性好的器件，并且尽可能加配散热器。驱动电路中的高频整流二极管应当选用正向电压降低、整流效率高的肖特基二极管，以减少其产生的热量。此外，驱动电路选用带调光功能的控制器，在低光照下就可以满足照明需要的情况下，将 LED 亮度调暗，则可以降低 LED 功耗，防止其过热。尤其是对小于 25W 的 LED 灯具来说，因为印制电路板尺寸小，而封装空间有限，散热问题尤为关键。调光解决方案是防止 LED 长时间工作过热的一个重要途径，该方案显得非常重要。

3）加装散热器是目前普遍采用的主要散热方式

利用微型电风扇可以主动消除 LED 的热量，但这种强制性的散热方式对于小于 25W 的 LED 灯具来说，因其内部空间太小是难以实现的，并且这种散热方案需要额外的电能，降低了照明效率，带来了噪声，而且机械运动部件容易损坏，从而降低了系统可靠性。

LED 灯具的理想冷却装置必须具有小巧、高效、静噪和高可靠的特点，加装散热器是目前经济实用的主要散热方式。大部分金属都是热的良好导体，尤其是铝框架最适合用作 LED 的散热装置，如图 5-1 所示。

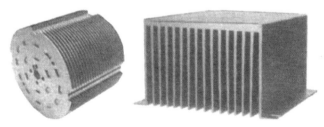

图 5-1　金属散热器

像 LED 路灯，空间几乎不受限制，可以将 LED 置于一个大铝板上，用于 LED 的被动式散热。不过，家庭和办公室照明都有空间限制，并且白炽灯泡插座是绝缘体，并不具有散热作用，因此需要为灯具定制专门的散热器，并使其创新。如图 5-2 所示为 CoolInnovations 公司的展开式鳍片散热器，采用一个向外倾斜的稀疏圆脚阵列，这个结构可用于自然通风环境下 SSL 中 HB-LED 的冷却，性能超过等效的直立式鳍片散热器。一个 1.5in 高、1in² 的直立式铝制鳍片散热器的热阻为 16.14℃/W，而展开式同等散热器的热阻为 12.65℃/W，改善了 22%。一个 2in 高、5in² 的直立式散热器的热阻为 0.74℃/W，相比之下，展开式散热器为 0.64℃/W，降低了 14%。

如图 5-3 所示为 Nuventix 公司的 SynJet 无风扇冷却器，它采用合成射流设计，需要的电流远小于一只电动机，采用 5V 电源工作。冷却器使用一个电磁稿合的隔膜，电磁驱动器以 100～200 次/s 的速度振荡隔膜，通过极小的喷嘴脉动出高速空气射流。一旦气体离开喷嘴，就会裹挟周围的空气与它一起拉动空气，这很像龙卷风拉动周围的空气，但事实上比传统风扇要安静。标准 SynJet 产品，一种是 MR-16 结构，另一种类似于 PAR-38 式灯座，MR-16 和 PAR 式结构的散热器适用于 20W 和 50W 的 LED 灯具。

图 5-2　展开式鳍片散热器　　　图 5-3　无风扇冷却器

如图 5-4 所示是一种 5W 的 MR16 LED 灯具的散热器，驱动器电路板被安放在散热器的背面。如图 5-4(a) 所示的独特散热槽设计，与 MR16 卤素灯把灯泡产生的热量直接辐射到周围空气中不同，在 LED 灯具的散热设计中，热量首先被传导到散热片，然后再通过对流方式耗散到空气中。

电路板

(a) 散热器　　　(b) 驱动器电路板放在散热器背面　　　(c) 驱动器电路板元器件排布

图 5-4　5W MR16 LED 灯具散热器及其放置位置

用 LED 灯泡替代白炽灯和 CFL 节能灯，人们希望能将 LED 灯泡拧入到先前的旧式插座中。但是，灯具设计师千万不可受传统灯具设计观念的束缚。事实上，旧式电灯插座并不适合用来安装 LED 灯泡。LED 灯具设计首先要有利于散热，其次才是灯具造型。如图 5-5 所示为 Viata 公司生产的 Way Cool 9920 系列 LED 筒灯外形。这种筒灯散热器可以保证 LED 结温低于 35℃，且提供 7 年的质保期。其设计使用寿命为 80000h，灯功率为 15W，色温是 4100K，光效为 73lm/W。

4）驱动电源与 LED 灯体分离

LED 照明电源本身产生的热量会增加 LED 灯的温升。电源与 LED 灯一体化设计会使 LED 灯整体受热不均匀，容易造成灯具发生疲劳和早期失效。如图 5-6 所示为 LED 灯温度随工作时间的变化曲线。图中，t_1 为放置驱动电源处温度，t_2 为远离电源处温度，t_3 为灯体中心温度。从该图可以看出，随工作时间的增加，图 5-6(a) 中的 t_1 远大于 t_2 和 t_3；图 5-6(b) 中的 t_1 和 t_2

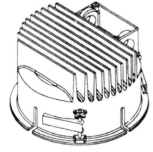

图 5-5　15W LED 筒灯

两曲线重合，t_3 略大于 t_1 和 t_2。由此可见，分离电源后，整灯的温度分布是均匀的。

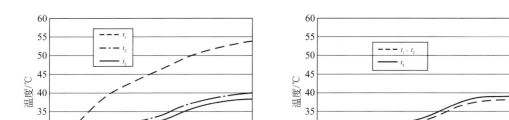
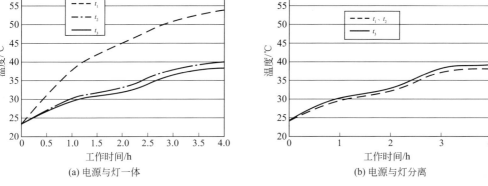

(a) 电源与灯一体   (b) 电源与灯分离

图 5-6　LED 灯温度随时间的变化曲线

5）印制电路板（PCB）散热设计

构造良好的灯具散热系统，仅仅靠选择热阻低的 LED 器件是远远不够的，它必须有效降低 PN 结到环境的热阻，以此尽可能降低 LED 的 PN 结温度来提高 LED 灯具的使用寿命。与传统光源不同的是，PCB 既是 LED 的供电载体，同时也是散热载体。因此，PCB 的散热设计（包括布线、焊盘大小）也尤为重要。对于热阻差距较小的 LED 器件来说，选用不同的 PCB 设计方案会极大地影响最终系统的热阻，进而影响系统温度。除此之外，散热材料的材质、厚度、面积大小以及散热界面的处理、焊接方式、焊接条件都是灯具厂商所要考虑的因素。

6）采用温度控制电路来限制 LED 灯的温升

在 LED 灯具系统中，可以加入一个温度控制电路来限制温升。当 LED 灯温度超过设定的门限时，温控电路动作，使驱动电源输出适当降低；当温度下降到一定值时，驱动电路恢复到正常工作状态。

如图 5-7 所示为 LED 灯具恒流驱动电源中的温控电路原理图。LED 灯离线式驱动电源的 AC 输入为 220V，DC 输出电流为 1.2～1.7A（可调），输出电压自适应（36～39V）。在温控电路中：R_P 为可调电阻器；KT 为常开温度继电器触点，其闭合温度是 56℃，自动断开温度为 45℃；R_T 为 NTC 热敏电阻。温度继电器触点 KT 和 NTC 热敏电阻均安装在 LED 模块上，并与模块紧密接触。在常温下，KT 处于断开状态，R_P 起控制作用，将输出电流设定在 1.6A。当继电器温度达到 56℃时，KT 自动断开，温控电路开始工作，以减小输出

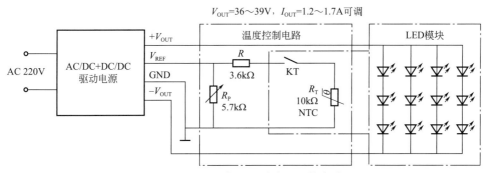

图 5-7　LED 灯恒流驱动电源温控电路

电流（$I_{OUT} \leqslant 1.35A$）。当温度降至 45℃ 时，KT 自动断开，驱动电源电路恢复正常工作状态，借助 LED 模组散热器将热量散发到大气中，如图 5-8 所示。

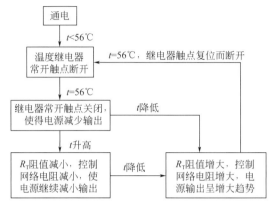

图 5-8　温度控制原理图

　　LED 本身和 LED 灯具的散热一直是人们研究的热点。随着 LED 光源向普通照明领域的逐步渗透，人们总会优选出一些适用于不同照明需要的经济实用和高效的散热解决方案。

5.3　LED 光源模块设计

　　照明用 LED 灯一般采用模块（或模组）的形式，即将多个 LED 按阵列排布并安装在一个电路板上，使其光通量达到规定的照明水平。目前单芯片 LED 大多为 1～5W。一个经过改进的 900lm 的灯泡可以用 10 个 1W 的 LED 组合在一起来替代。一个 10000lm 的路灯，可能需要 100 个 1W 的 LED。为使每个 LED 的光照度均能达到一致，就必须保持每个 LED 的电流相同，芯片温度一致，这在驱动电路设计方面是一个巨大挑战。

1）LED 阵列连接形式

LED 阵列连接有串联、并联、混联和交叉阵列 4 种形式。

（1）串联形式

　　LED 串联连接是将 2 个或 2 个以上的 LED 串接在一起，其中一个 LED 的阴极连接下一个相邻 LED 的阳极，如图 5-9 所示。在串行连接的 LED 灯串中，通过每个 LED 的电流相同。在低于 25W 的 LED 照明应用中，串联连接是一种最主要的解决方案。

　　如果不对 LED 采取保护措施，在 LED 灯串中只要有一个 LED 开路，灯串中的电流就会被阻断，其他 LED 则不能再点亮。

　　在离线式 LED 照明电源中，反激式变换器输出 DC 电压受元器件耐压的限制。例如，目前用作输出整流器的硅肖特基二极管，其反向击穿电压一般不超过 100V，这种整流二极管只能在输出电压为 12～24V 的开关电源中用作整流器。由于大功率白光 LED 的导通电压通常达 3.5～4.2V，当 LED 阵列中 LED 的数量多于 10 个时，串联连接方案则不再适用。

（2）并联形式

　　LED 阵列可以采用如图 5-10 所示的并联连接形式。并联连接的 LED 阵列，施加到每个 LED 上的电压相同。但是，如果 LED 的伏安特性不匹配，通过 LED 的电流也就会不相等，LED 亮度则不一致。当 LED 并联阵列所含 LED 数量较多时，如果有一个 LED 开路，其余 LED 仍会发光。但是，如果 LED 数量较少，一旦出现某个 LED 开路，其他支路上 LED 的电流会增加很多，有可能将其烧毁。

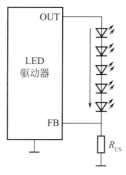
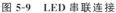

图 5-9　LED 串联连接

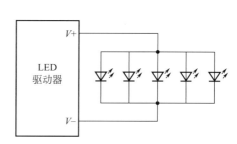

图 5-10　LED 并联连接

LED 并联连接形式的特点是要求驱动器输出低压、大电流。这种连接方案在电池供电的背光照明应用中才会使用，但一般不适合工频市电供电的 LED 照明应用。

（3）串、并联混合（混联）形式

混联连接的 LED 阵列分先串后并和先并后串两种形式，如图 5-11 所示。

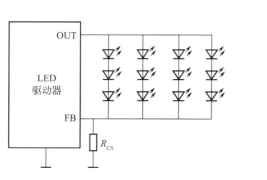
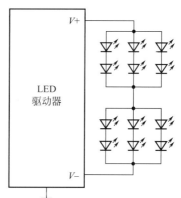

图 5-11　LED 混联连接

如果一个 LED 路灯是 50W，则需要 50 个 1W 的白光 LED。当采用串联方案时，如果每个 LED 的正向压降是 3.5V，50 个 LED 组成的灯串总压降为 175V，如此高的电压是离线式开关电源难以实现的。但是，如果将 50 个 LED 排成 10 行，每行仅有 5 个 LED，每行 LED 上的总电压仅有 17.5V，这种等级的电压是驱动电源容易实现的。混联连接方案是 20W 以上 LED 照明应用的比较理想的选择，但需要解决各串 LED 之间的均流问题。

（4）交叉阵列连接形式

LED 交叉阵列连接是一种特殊类型的混联连接形式，如图 5-12 所示。交叉阵列连接方案的优点是有助于提高 LED 模块的可靠性，即使某一个 LED 失效，只要阵列中 LED 的数量不是太少，就不会导致 LED 阵列整体上的不亮。

2）LED 阵列需要解决 LED 的参数匹配问题

LED 参数匹配在 LED 阵列中的重要性可以通过实验来说明。

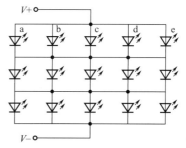

图 5-12　采用交叉阵列形式
的电路图

对 4 个相同型号但属于不同批次的 LED，在 25℃下分别用 1A 的电流源测量每个 LED 的正向电压降 V_F，如图 5-13(a) 所示，测试结果见表 5-5。为尽量消除芯片热效应的影响，加电之后在 5s 之内记录读数。如图 5-13(b) 所示为另一个实验电路，将 4 个相同的 LED 并排为 4 行，并用 4A 的电流源驱动，在 $V_F = 3.56V$ 的相同电压下测量通过每个 LED 的电流 I_F，所测结果见表 5-6。

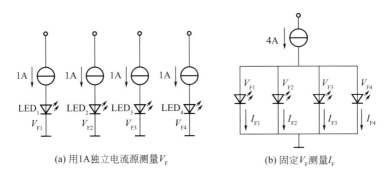

(a) 用1A独立电流源测量V_F (b) 固定V_F测量I_F

图 5-13　固定 I_F 测量 V_F 和固定 V_F 测量 I_F 电路示意图

表 5-5　相同 I_F 时的 V_F 值		
LED 序号	I_F/A	V_F/V
1	1	3.83
2	1	3.41
3	1	3.59
4	1	3.52

表 5-6　相同 V_F 时的 I_F 值		
LED 序号	V_F/V	I_F/A
1	3.56	0.45
2	3.56	1.53
3	3.56	0.91
4	3.56	1.1

由表 5-5 可以看出，1 号 LED 与 2 号 LED 的 V_F 差值是 3.83V－3.41V＝0.42V。在 $V_F = 3.56V$ 下（见表 5-6），2 号 LED 的电流为 1 号 LED 电流的 1.53A/0.45A＝3.4 倍，在发光亮度上将会出现明显的差别。

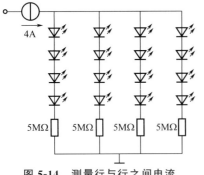

图 5-14　测量行与行之间电流匹配性电路

再进行另外的一个实验。将来自同一 V_F 组别的 16 个 LED 和从 4 个不同的 V_F 组别随机抽取的 16 个 LED 以 4×4 的形式分别排成一个阵列，每串 LED 串接一个 5MΩ 的电阻，都用 4A 的电源来供电，如图 5-14 所示。

每个 LED 阵列先在 25℃ 环境下通电，在 5s 内记录出每行 LED 的 I_F 值。而后，每个阵列再通电 0.5h，并用手持式 IR 探针测量热稳态下的 PCB 温度及通过各串 LED 的电流，测量结果分别见表 5-7 和表 5-8。

表 5-7 的测量结果表明，在 25℃ 下，在串、并联连接的 LED 阵列中采用 V_F 相同的 LED，可以改善电流的平衡性。在 V_F 来自不同组别、V_F 不匹配的 LED 阵列中，最坏的情况发生在第 1 行与第 4 行（表 5-8），这两行的 LED 电流差别达 1.48A－0.66A＝0.82A。

表 5-7　同一 V_F 组别的行电流

行数	在 25℃ 下的 I_F/A	在热稳态下的 PCB 温度/℃	在热稳态下的 I_F/A
1	1.08	93.4	0.92
2	1.06	128	1.34
3	1.02	112	0.96
4	0.84	94	0.8

表 5-8　不同 V_F 组别的行电流

行数	在 25℃下的 I_F/A	在热稳态下的 PCB 温度/℃	在热稳态下的 I_F/A
1	1.48	114	1.38
2	0.68	95	0.76
3	1.24	113	1.26

但是，即使 LED 来自同一 V_F 组别，V_F 基本匹配，也出现 1.08A－0.84A＝0.24A（表 5-7）的差别，大约是 1A 目标直流电流的 25%。此外，一旦 LED 芯片开始出现自行加热，相匹配阵列中的电流便会与不相匹配阵列一样，逐渐失去平衡。

目前大部分 LED 生产商在一个卷带包装上或袋包装内只提供一个组别的 LED。但是，要保证每一个购买回来的 LED 都属于同一组别是不可能的。在 LED 的 V_F 分组方面，如果每组 LED 之间的 V_F 差别在 1mV 之内，便可以大大改善在常温下的电流均分能力，但这势必会大幅增加成本。尽管对 LED 进行筛选和分组的工作量很大，但这一工艺过程是万万不可缺少的。

为了提高 LED 阵列中各串 LED 的电流均分能力，对于某些应用而言，在每串 LED 上加入一个镇流电阻即可，还可以在每行灯串上加入一个电流调节器，或加入一个具备线性稳压器的电流阱/电流源，最好的方案还是采用开关稳压器驱动。

3）串联连接 LED 的保护

在串联的 LED 灯串中，只要有一个 LED 开路，其余的 LED 将会全部熄灭。解决的办法有很多，例如可以在每个 LED 上并联一个击穿电压高于 LED 导通压降的稳压二极管，如图 5-15 所示。当某一只 LED 断开时，与其并联的稳压二极管将会击穿导通，为 LED 灯串提供一个电流通路。

另一种解决方案是采用专门设计的 LED 开路保护器。如图 5-16 所示为 NUD4700 型 LED 开路保护器的内部结构和在应用中的连接。NUD4700 适合于用作保护 1W（350mA/3V 时）的 LED。在 LED 正常工作时，NUD4700 的泄漏电流仅为 100μA。一旦与其并联的 LED 开路，NUD4700 被触发导通，其自身电压降仅为 1V。与 NUD4700 类似的 LED 开路保护器还有 Littelfuse 公司的 PLED 系列，此系列器件采用 3mm×3mm 的 QFN 封装和 D0214AA 封装，而 NUD4700 则采用 SO-8 封装。

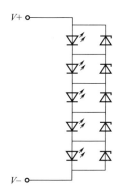

图 5-15　在 LED 两端并联稳压二极管

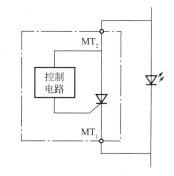

图 5-16　NUD4700 内部结构及连接图

广鹏科技（ADDtek）公司生产的 A720 是在 NUD4700 基础上配置了一个反向二极管，采用 3 引脚 SOT-89 封装，引脚排列及其伏安特性曲线如图 5-17 所示。

A720 有两个电极，即阳极（A）和阴极（K）。A720 的触发电压是 5V（高于 LED 导通

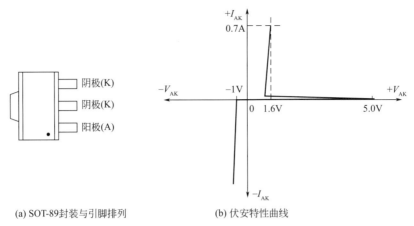

(a) SOT-89封装与引脚排列　　　　(b) 伏安特性曲线

图 5-17　A720 引脚排列及其伏安特性曲线

电压），旁路电流达 700mA，导通态压降是 1.6V。A720 还内置一个反向二极管，其反向电流容量同样是 700mA，反向压降也为 1.6V。在应用中，A720 被并联在 LED 上。

当 LED 灯串所有 LED 均完好时，A720 工作在监视模式，A720 仅汲取 $100\mu A$ 的电流，如图 5-18(a) 所示。一旦 LED 灯串中的某一个 LED 损坏断开，当与其并联的 A720 上的电

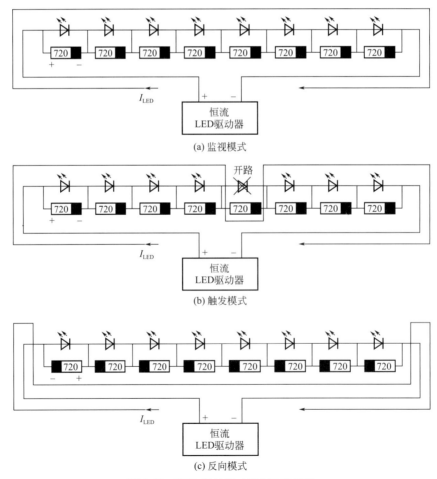

(a) 监视模式

(b) 触发模式

(c) 反向模式

图 5-18　LED 保护器 A720 工作原理

压达到 5V 时，A720 导通，工作在触发模式，LED 灯串仍可以被点亮，如图 5-18（b）所示。当 LED 灯串反向连接到恒流驱动器输出端时，A720 中的反向二极管导通，A720 工作在反向模式，保护 LED 免遭反向击穿而损坏，如图 5-18（c）所示。

4）LED 光源模块封装散热考虑

当 LED 光源模块中的 LED 选定后，LED 模块封装的散热问题显得尤为重要。对 LED 模块的热特性分析和计算，是 LED 光源模块设计的基础和重要环节。

由 N 个 LED 组成的光源模块，其热阻网络构成如图 5-19 所示。根据导热过程中的热量传递方程，热量会从 LED 模块温度高的部位扩散到温度低的部位。当一个 LED 在工作中发热时，热量必然通过一条热路传导到另一个 LED 芯片上，引起其结温升高。当有多个发热源存在时，温度场中的各点温度符合线性叠加原理。模块中各个 LED 结温的计算公式为

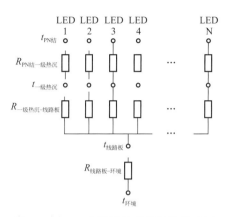

图 5-19　LED 光源模块热阻网络构成图

$$\begin{bmatrix} t_{j1} \\ \vdots \\ t_{ji} \end{bmatrix} = \begin{bmatrix} R_{11} & \cdots & R_1 \\ \vdots & \vdots & \vdots \\ R_{i1} & \cdots & R_{ij} \end{bmatrix} \begin{bmatrix} P_1 \\ \vdots \\ P_i \end{bmatrix} + t_a \tag{5.1}$$

式中　R_{ij}——第 j 个 LED 工作时对第 i 个 LED 所产生的热阻；

　　　P_i——第 i 个 LED 的热耗散功率。

由式(5-1)可以看出，由于 LED 模块各个 LED 的空间距离较近，LED 的热耗散又比较大，因此不能忽略各个器件之间的热交互干扰。

在一块尺寸为 6cm×3cm 的氧化铝基板上安装 6 个 Lumileds 的 LUXEONK2 型 5W 大功率 LED，在基板背面加装一块 $w=0.5$mm、$h=2$mm、$d=1.5$mm 的铝制散热片，LED 光源模块的三维几何模型如图 5-20 所示。基板正面上各个 LED 之间的分布间隔距离有 3 种，即 1cm、5mm 和 1mm。如图 5-21 所示为模块相关尺寸示意图。

图 5-20　LED 光源模块的三维几何模型

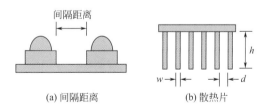

(a) 间隔距离　　　　(b) 散热片

图 5-21　模块相关尺寸示意图

对 LED 光源模块进行有限元建模的目的，是为了利用有限元法计算 LED 模块的稳态温度场分布和热应力分布。LED 光源模块仅靠通过与外界环境进行自然对流来散热是不够的。在自然对流下，LED 结温与功耗近似为正比关系，如图 5-22 所示。当输入功率超过 1W 时，该 LED 结温会超过 130℃（即 403K），将导致其失效。

为了防止 LED 温升过高，需另外加载外部冷却装置。强制对流能够加速 LED 的热传导，减小其热阻，将芯片产生的热量快速导出。如图 5-23 所示为 MARC 有限元计算的 LED 模块达到稳态时的温度场分布图。其中各个 LED 均为 5W，分布间隔为 1cm，散热片对流

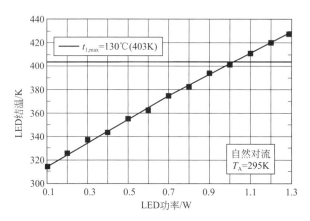

图 5-22　自然对流下 LED 功率与结温的关系

传热系数为 $50W/(m^2 \cdot K)$。由于基板热沉具有高热导率，热量可以快速散发到外部，使其与 LED 内部热沉温度近似。

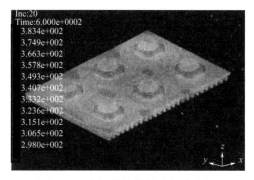

图 5-23　光源模块的温度场分布图

功率分别为 1W、3W 和 5W 的 LED，LED 之间间隔分别为 1cm、5mm 和 1mm 时的结温与底面对流传热系数的仿真和理论计算关系比较如图 5-24 所示。其中热界面热阻为 $0.038K/W$，封装热阻为 $9K/W$。

如图 5-24 所示可以看出，仿真与理论计算结果相近似。因此，将 6 个 5W 的 LED 安装到一个基板上是可行的，总光通量达到 3500lm，但是这需要对流传热系数必须大于 $50W/(m^2 \cdot K)$，才能够满足 LED 最小间隔为 1mm 的 LED 模块散热要求。

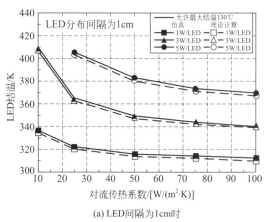

(a) LED间隔为1cm时

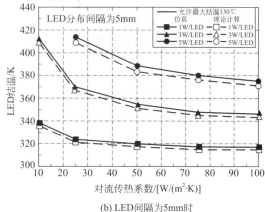

(b) LED间隔为5mm时

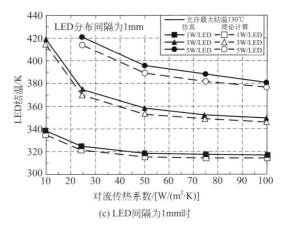

(c) LED间隔为1mm时

图 5-24　不同 LED 间隔时结温、功率与基板热沉底面对流传热系数的关系

在基板尺寸一定时，减小散热片宽度，增加其数量，可以增加基板热沉的表面积，从而提高散热能力。给模块配置散热导管（Flat Heat Pipe，FHP）或采取液冷等措施，也可以改善模块的散热性能。

从图 5-24 中可以看出，随着对流传热系数的增加，LED 平均温度降低的趋势逐渐变缓，即当对流传热速度达到一定程度时，LED 平均温度保持平衡。对流传热速度增加，流动阻力也近似线性增加，导致流体压力增大，因此对流传热速度不可能无限制增加，必须控制在一定范围之内。

LED 及 LED 光源模块的主要使用材料参数见表 5-9。铜（Cu）的膨胀系数较其他材料大，在高温下更容易产生热膨胀。LED 芯片、芯片衬底和铜热沉之间因膨胀系数差异而导致最大允许热应力的限制。

表 5-9　LED 及 LED 光源模块主要使用材料的参数

部件	材料	热导率/[W/(m·K)]	比热容/[J/(kg·K)]	热膨胀系数/K^{-1}
芯片	砷化碳	170	40	7.75×10^{-6}
芯片衬底	碳化硅	490	1200	3.00×10^{-6}
热沉	铜	401	385	1.80×10^{-6}
MCPCB	氧化铝	46	880	8.40×10^{-6}
基板热沉	铝	237	880	2.30×10^{-6}
塑料壳	聚苯乙烯	7.68×10^{-2}	608	5.00×10^{-5}
透镜	硅胶	0.12	855	3.80×10^{-5}
引脚	铝合金	144(0℃)～175(100℃)	875	2.30×10^{-5}

如图 5-25 所示是 LED 光源模块达到稳态时热应力分布情况的剖面图。热膨胀系数较高的铜热沉和封装塑料壳为主要膨胀部分，而集中区域则是在热沉和周边材料的接触处，最大应力出现在热沉与底部铝热沉之间，这是二者材料的热膨胀系数相差较大所致。事实上，基板存在一个最大有效热导率和对流传热系数，当大于这一值时，单纯地增加热导率和强化基板的换热，对芯片散热性能的改进效果并不是很大。优化散热器设计，充分发挥其热传导和热对流作用，是LED 模块和 LED 灯具设计的关键环节。散热器设计

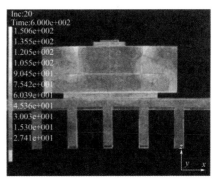

图 5-25　热应力分布图

需要专业技术，仅靠经验是靠不住的，必须采用专门的软件（如 EFD 流体分析软件）和测试设备，才能达到最优化设计目标。

5.4 LED 灯具的二次光学设计

二次光学设计是相对于一次光学设计而言的。LED 的一次光学设计以封装材料的形状入手，来设法提高 LED 的出光效率。LED 的封装树脂透镜和内部的反射器等构成一次光学系统。LED 的一次光学设计主要分为折射式、反射式和折反射式 3 种方式。

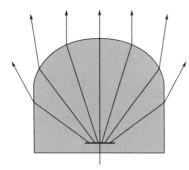

图 5-26 折射式 LED 壳体封装

折射式 LED 芯片发射的光线在壳体表面折射的情况如图 5-26 所示。这种光线传播方式有 70～80 的光从封装材料的侧面泄漏，聚光面所包容的立体角有限，聚光效率很低。反射式 LED 封装结构分为背向反射和正向反射两种类型，聚光面所包容的立体角较大，聚光效率较高，如图 5-27 所示。折反射式 LED 是在正向反射式的基础上加一折射面，起到聚光作用，从而提高了聚光效率。

二次光学设计是为了提高灯具的有效光利用率而进行的设计。传统光源灯具的光利用率较低，这是因为传统光源四面发光，部分光被光源自身挡住，并且传统光源的发光点大，不易进行光学设计，灯具效率不高。而 LED 光源近似于点光源，且具有方向性，利用好 LED 的这两个特性是灯具光学设计的关键。通过 LED 阵列设计和二次光学设计，能使 LED 灯具达到比较理想的配光曲线。

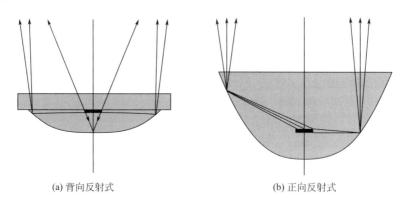

(a) 背向反射式   (b) 正向反射式

图 5-27 反射式 LED 壳体封装

LED 灯具的二次光学设计主要分为散射、聚光以及两者混合型等几种方式。

对于聚光型 LED，在需要实现大面积照明或显示时，需要通过添加散射板来完成。散射板原理与柱形折光板和梯形折光板相同，如图 5-28 所示。采用柱形折光板，如图 5-28(a)所示，主要在一个方向扩展光束角，并且能使照明均匀，适合用于信号灯；采用梯形折光板，如图 5-28(b) 所示，虽然也是在一个方向扩展光束角，但其光强分布不同于柱形折光板。图中两种散射板均为一维散射，如需要在两个方向散射，则需要使用两个方向的散射板，或复合到一块板上。

聚光型二次光学设计是通过外加透镜或透镜阵列来提高聚光能力和光强，如图 5-29 所示。二次光学设计是提高 LED 灯具有效光利用率的必要手段，具体的实现方法有很多，除了 LED＋折光板和 LED＋透镜外，还有如图 5-30 所示的 LED＋反光杯和 LED＋反光杯＋透镜以及按投射方式划分的单个 LED 模块投射和多个 LED 模块分区域投射等。

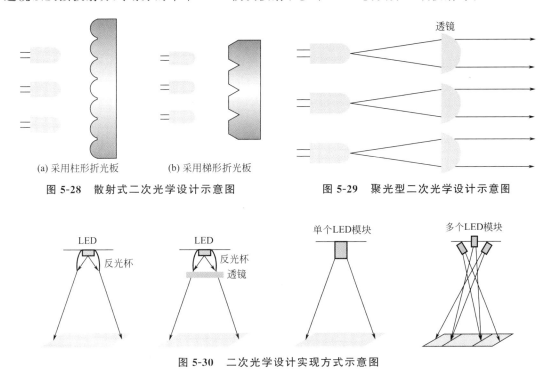

(a) 采用柱形折光板　　(b) 采用梯形折光板

图 5-28　散射式二次光学设计示意图　　　　图 5-29　聚光型二次光学设计示意图

图 5-30　二次光学设计实现方式示意图

在 LED 二次光学设计中，应当选用透光率高的透镜，以提高灯具的效率。透光率是 LED 透镜的一个重要技术参数，其计算公式为到达目标面上的光通量与 LED 光源所发出的光通量之比。

LED 发出的光通过透镜时有 3 种损耗，即 LED 的正上方透镜表面所反射的光、被透镜吸收的光及通过透镜侧面被折射的光，如图 5-31 所示。目前知名厂家生产的透镜透光率仅约 89，即 LED 所发出的全部光通量在透镜中的损耗超过 10。为保证 LED 灯具具有更好的光学特性，除了要求透镜的透光率高之外，还要注意透镜的照度均匀性、工作温度范围、抗紫外线和黄化率等因素。

由于 LED 接近理论上的"点光源"，在设计光学系统时，易于精确地定位发光点，解决光源的隐蔽性和最终灯具的多样化问题。LED 接近点光源给灯具的配光创造了很大的空间，包括高效率的 LED 灯具和特种配光应用。LED 光源的特点给二次光学设计和灯具设计提供了很大的灵活性。例如在整体照明中，要求灯具亮度高，可以使用线性 LED 灯条，外加透过率较高的灯罩以提高出光效率；加入导光板技术可以使 LED 点光源成为面光源，提高其

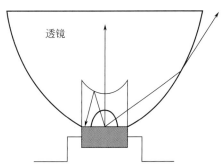

图 5-31　LED 光源透过透镜情况

均匀性而防止眩光的发生；在一些辅助照明和层次照明中则需要一定的聚光效果，可以选择一些聚光透镜来达到光学要求。此外，色温、灰度和色彩的控制也是光学设计中需要考虑的。对于某些照明应用，如汽车照明、道路照明和交通信号灯等，灯具的配光曲线需满足特殊的要求，这时，LED 的二次光学设计还需要进行特别的考虑。

传统光源灯具一般是利用一个反射器将一个光源的光通量均匀分配到受照面上；而 LED 灯具的光源是由多个 LED 颗粒组成的，通过设计每个 LED 的照射方向、透镜角度、LED 阵列排布的相对位置等要素，可以使受照面获得均匀并符合要求的照度。LED 灯具与传统光源灯具的光学设计不同，如何利用 LED 光源特点来提高 LED 灯具的效率是设计中必须考虑的关键因素。

1）LED 灯具的照度计算

在被照物体表面上，单位面积内所接收到的光通量称为照度，以 E 表示，单位为 Lx。灯具设计前期的模拟照度计算，是 LED 灯具配光设计的关键步骤，其目的是将实际要求与模拟计算的结果相比较，再结合灯具外形结构、散热情况等条件来决定 LED 灯具中 LED 的种类、数量、排布方式、功率和透镜等。

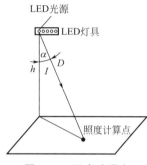

图 5-32 逐点法照度计算示意图

由于 LED 灯具中的 LED 数量往往达几十个乃至 100 多个，对于多个近似"点光源"组合排布在一起的情况，可以采用逐点计算法来计算相关照度。逐点计算法就是逐一计算每个 LED 计算点上的照度，然后进行叠加计算从而得到总照度。

如图 5-32 所示为逐点法照度计算示意图。其中 D 为光源与照度计算点之间的距离，I 为光源在照度计算点方向的光强，α 为光源至被照点连线与光源至被照点所在水平面的垂线之间的夹角。

LED 灯具的总照度 $E_\text{总}$ 可依照下面的公式计算。

$$E_\text{总} = \frac{I_1 \cos\alpha_1}{D_1^2} + \frac{I_2 \cos\alpha_2}{D_2^2} + \cdots + \frac{I_n \cos\alpha_n}{D_n^2} \tag{5.2}$$

照度计算点方向上的光强 I 则为

$$I = E_\text{ff}\varPhi \tag{5.3}$$

式中　E_ff——透镜效率，即每流明的光通量通过透镜后的特定方向的光强值（可以从透镜的配光曲线中查到）；

　　　$\varPhi$——LED 发出的总光通量。

2）光源光效、灯具效率、光利用率和照明系统光效

事实上，对于用户来说，关心的是照射在实际需要照射到的面积或空间上的照度。光源光效、灯具效率和光利用率都是与 LED 照明系统光效相关的概念，如图 5-33 所示。

LED 光源的光效 η_LED 为 LED 光源的光通量 $\varPhi_\text{LED}$ 与 LED 消耗的电功率 P_LED 之比，即

$$\eta_\text{LED} = \frac{\varPhi_\text{LED}}{P_\text{LED}} \tag{5.4}$$

LED 灯具效率 $\eta_\text{灯具}$ 为灯具出射光通量 $\varPhi_\text{出射}$ 所占 LED 光通量 $\varPhi_\text{LED}$ 的百比分，即

$$\eta_\text{灯具} = \frac{\varPhi_\text{出射}}{\varPhi_\text{LED}} \times 100\% \tag{5.5}$$

光利用率 $\eta_\text{利用}$ 为要求被照明的有效面积内的光通量 $\varPhi_\text{有效}$ 所占 LED 光通量 $\varPhi_\text{LED}$ 的百分比，即

$$\eta_{利用} = \frac{\Phi_{有效}}{\Phi_{LED}} \times 100\% \tag{5.6}$$

在如图 5-34 所示的 LED 照明系统中，光源发出的光经过灯具配光后投射在目标照明区域上，照明系统出射的是一个圆形光斑，而用户需要照明的是一个矩形区域。由此图可以看出，LED 光源光通量 $\Phi_{LED} = 1000\text{lm}$，功率 $P_{LED} = 15\text{W}$，有效照明面积之内的光通量 $\Phi_{有效} = 450\text{lm}$，灯具出射的光通量 $\Phi_{出射} = 650\text{lm}$，据此可得

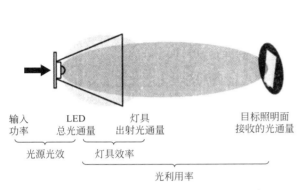

图 5-33 光源光效、灯具效率和光利用率示意图

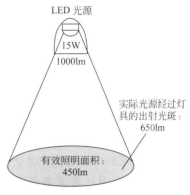

图 5-34 逐点法照度计算示意图

LED 光源效率 $\eta_{LED} = 1000\text{lm}/15\text{W} \approx 67\text{lm/W}$

LED 灯具效率 $\eta_{灯具} = (650\text{lm}/1000\text{lm}) \times 100\% = 65\%$

光利用率 $\eta_{利用} = (450\text{lm}/1000\text{lm}) \times 100\% = 45\%$

LED 照明系统通常由 LED 阵列光源、驱动电路、透镜和散热器等部分组成。当考虑 LED 驱动电路的效率 $\eta_{电路}$ 时，LED 照明系统的光效 $\eta_{系统}$ 可以按式(5-7) 来计算：

$$\eta_{系统} = \eta_{LED} \eta_{电路} \eta_{利用} \tag{5.7}$$

对于图 5-34 所示的情况，在不考虑驱动电路效率时，LED 照明系统的光效为 $67\text{lm/W} \times 45\% = 30\text{lm/W}$。如果 LED 驱动电路的效率为 85%，系统光效则为 $30\text{lm/W} \times 85\% = 25.5\text{lm/W}$。

3）提高 LED 灯具效率和照明系统光效的途径

（1）提高 LED 灯具效率的方法

① 优化散热设计。计算光源的光通量、灯具照度和系统光效时，必须考虑 LED 结温的影响。由于目前 LED 的电/光转换率仅为 $20\% \sim 30\%$，输入电能有 $70\% \sim 80\%$ 都转化为热能，从而导致 LED 芯片结温的升高。照明用 LED 对温度的变化相当敏感，除了会引起输出光的颜色和色温产生漂移外，还会使光输出降低。当 LED 结温升至 $90℃$ 以上时，其光通量往往下降到 $25℃$ 时光通量的 80% 左右。因此在灯具设计时应通过优化散热器设计来降低 LED 工作时的结温，以提高光输出，达到提高灯具效率和整个照明系统光效的目的。

② 选用透光率高的透镜。透镜的透光率直接影响到所要求照明面土的光通量。选择结构设计合理、所用光学材料透光率高的透镜，可以提高灯具效率。

用一个实例来对比 LED 灯具的灯具效率。在此假设从透镜前部发出的光通量全部照射到灯具外部，同时假设在 $25℃$ 时 LED 芯片发出的光通量为 100%，在 $85℃$ 时 LED 芯片发出的光通量为 80%，在 $80℃$ 时 LED 芯片发出的光通量为 85%。一款灯具如按照初始设计，LED 芯片工作时的结温在 $85℃$、透镜的透光率为 81%；对其进行散热结构改进、更换透镜后，LED 芯片工作时的结温降为 $80℃$、新选择透镜的透光率为 89%，则改进后的灯具效率提高了 10.85%。计算过程为 $100\% \times 85\% \times 89\% - 100\% \times 80\% \times 81\% = 10.85\%$。

③ 优化 LED 光源在灯具内部的排列方式。大功率 LED 光源相对于传统光源具有很好的方向性，目前用光束角来定义 LED 的发光角度。国外一般将光束角定义为 Full Width Half-Maximum（FWHM），即 1/2 最大光强值所对应的角度值，两边角度值的夹角即为光束角。LED 是以 50% 光强值作为边界，有很多光线从光束角以外发射出去，若以光束角作为照明界线，这部分光就是浪费，如果充分利用这部分光就会实现提高灯具效率的目的。因此在设计 LED 灯具时应充分考虑其光束角的特性，利用其方向性好的特点，通过设计 LED 芯片的相对位置、倾斜角度，争取将绝大多数光线发射到灯具外部，从而提高大功率 LED 灯具的灯具效率。

除了通过提高 LED 芯片的输出光通量、选择合适的透镜可以提高灯具效率，还有很多设计方法，如调节 LED 芯片与灯具透明罩的相对位置、改进灯具的外形结构等都可以改善灯具效率。只要设计人员能够对功率型 LED 的性能有着充分的了解，就可以通过提高灯具效率达到降低成本和节约能源的目的。

（2）提高 LED 照明系统光效的途径

从式(5-7) 可以看出，提高 LED 照明系统光效的主要途径包括以下 3 个。

① 提高 LED 光源的光效。除了选用高光效的 LED 光源外，还应当确保灯具的散热性能，以避免 LED 光源在工作中温升过高导致光输出严重下降。

② 选择适当的 LED 照明电源拓扑结构，保证驱动电路有尽可能高的工作效率，同时满足特定的电学与驱动要求。

③ 通过合理的灯具结构和光学设计，保证有尽可能高的光学效率（即光利用率）。

5.6 突破传统灯具概念，设计现代照明 LED 灯具

LED 是新一代绿色光源，其特性不同于传统热辐射和气体放电光源。传统灯具只适用于传统光源，并不适合 LED 光源。因此，在制定 LED 灯具标准和设计 LED 灯具时，必须突破传统灯具的概念和理念。

目前的 LED 灯具主要应用在信号照明、景观照明、道路照明和汽车照明等领域。LED 灯具的种类主要包括交通信号灯、航标灯、投光灯、水下灯、路灯和汽车高制动灯等。在 LED 普通照明应用中，LED 灯具主要有灯泡和日光灯。现有的 LED 灯具还存在许多需要改进的地方，以符合 LED 光源的特性和照明需求。

LED 灯具是一个照明系统。LED 照明系统的技术发展趋势是集成化和模块化。将 LED 驱动电路、照明控制系统、LED 灯具集成化、模块化，这样就可以根据不同的需要进行灵活搭配，构建出适直的照明系统。另外，LED 灯具与光伏技术结合也是未来一大热门的领域。LED 自身的特性决定了它可以与太阳能结合应用。目前，太阳能驱动 LED 照明系统的研究正在广泛地展开，相信不久的将来人们会看到高效、节能的太阳能 LED 灯具。

另外，OLED 也是一种固态光源。OLED 灯具不但完全不同于传统光源灯具，而且也不同于 LED 灯具。OLED 是一种可卷曲的面光源，其灯具设计一般要比 LED 灯具容易得多。

第 6 章

灯具检测

学习要点

① 了解国内外灯具检测项目常用标准与相关指标。
② 掌握灯具电气性能、光学性能、可靠性等检测项目，能进行报表分析。
③ 了解并学习常见的检测设备，掌握检测操作，独立进行检测原理分析。

6.1 灯具检测常用标准

灯具是一种电气产品，质量好坏与人身安全息息相关，为了有效地控制灯具产品的安全性，国家质量监督检验检验总局制定发布了强制性的灯具安全要求标准——GB 7000 系列灯具标准，内容涵盖民用灯具、应急照明用灯具、舞台灯具和医院用灯具等。灯具检测常用的标准见表 6-1～表 6-11。

（1）CIE（国际照明委员会）标准（表 6-1）

表 6-1   CIE 标准

标准代号	标准名称
CIE S009:2002	Photobiological Safety 光生物安全要求
CIE 13.3:1995	Method of measuring and specifying color rendering of light sources 光源显色的说明和测量方法
CIE 15—2004	Chroma 色度
CIE 43:1949	Lighting lamp photometric test 投光照明灯具光度测试
CIE 63:1984	The light source spectral Radiometry 光源的光谱辐射度测量
CIE 70:1987	Absolute luminous intensity distribution 绝对发光强度分布的测量
CIE 84:1989	Flux measurements 光通量的测量
CIE 121—1996	Photometry and distribution of photometric lamps 灯具的光度学和分布光度学
CIE 127—2007	Measurement method 测量方法
CIE 177—2007	The color of white LED light source 白色 LED 光源的显色性

（2）推荐性国家标准（表 6-2）

表 6-2   推荐性国家标准

标准代号	标准名称
GB/T 5702—2003	光源显色性评价方法

续表

标准代号	标准名称
GB/T 7002—2008	投光照明灯具光度测量的一般要求
GB/T 7922—2008	照明光源颜色的测量方法
GB/T 9468—2008	灯具分布光度测量的一般要求
GB/T 19658—2005	反射灯中心光强和光束角的测量方法(IEC 61341:1994,IDT)
GB/T 23110—2008	投光灯具光度测试(CIE 43:1979,IDT)
GB/T 22907—2008	灯具的光度测试和分布光度学(CIE 121:1996,IDT)
GB/T 20145—2006	灯和灯系统的光生物安全性(CIE S 009/E:2002,IDT)
GB/T 24392—2009	灯头温升的测量方法
GB/T 24907—2010	道路照明用LED灯性能要求
GB/T 24908—2010	普通照明用镇流LLED灯性能要求
GB/T 24909—2010	装饰照明用LED灯
GB/T 24823—2009	普通照明用LED模块性能要求
GB/T 24824—2009	普通照明用LED模块测试方法(CIE127—2007,NEQ)
GB/T 24825—2009	LED模块用直流或交流电子控制器性能要求(IEC 62384—2006,MOD)
GB/T 24826—2009	普通照明用LED和LED模块术语和定义(IEC 62504—2008,NEQ)
GB/T 24827—2009	道路与街路照明灯具性能要求

(3) 强制性国家标准 (表6-3)

表6-3   强制性国家标准

标准代号	标准名称
GB 7000.1—2007	灯具,第1部分,一般要求与试验(IEC 60598-1:2003,IDT)
GB 7000.2—2008	灯具第2-22部分:特殊要求应急照明灯具
GB 7000.3—1996	庭院用的可移式灯具安全要求
GB 7000.4—2007	灯具第2-10部分:特殊要求儿童可移式灯具
GB 7000.5—2005	道路与街道照明灯具的安全要求(IEC 60598-2-3—2002.IDT)
GB 7000.6—2008	灯具第2-6部分:特殊要求带内装式钨丝灯变压器或转换器的灯具
GB 7000.7—2005	投光灯具安全要求
GB 7000.9—2008	灯具第2-20部分:特殊要求灯串
GB 7000.201—2008	灯具第2-1部分:特殊要求固定式通用灯具
GB 7000.202—2008	灯具第2-2部分:特殊要求嵌入式灯具
GB 7000.204—2008	灯具第2-4部分:特殊要求可移式通用灯具
GB 7000.207—2008	灯具第2-7部分:特殊要求庭院用可移式灯
GB 7000.208—2008	灯具第2-8部分:特殊要求手提灯
GB 7000.211—2008	灯具第2-11部分:特殊要求水族箱灯具
GB 7000.212—2008	灯具第2-12部分:特殊要求电源插座安装的夜灯
GB 7000.213—2008	灯具第2-13部分:特殊要求地面嵌入式灯具
GB 7000.217—2008	灯具第2-17部分:特殊要求舞台灯光,电视,电影及摄影场所(室内外)用灯具
GB 7000.218—2008	灯具第2-18部分:特殊要求游泳池和类似场所灯具
GB 7000.219—2008	灯具第2-19部分:特殊要求通用式灯具
GB 7000.16—2000	医院和康复大楼诊所用灯具安全要求
GB 7000.17—2003	限制表面温度灯具安全要求
GB 7000.18—2003	钨丝灯用特低电压照明系统安全要求
GB 7000.19—2005	照相和电影用灯具(非专业用)安全要求
GB 19651.1—2008	杂类灯座第1部分一般要求和试验
GB 19651.3—2008	杂类灯座第2-2部分 LED模块用连接器的特殊要求
GB 19510.1—2009	灯的控制装置第1部分:一般要求和安全要求

续表

标准代号	标准名称
GB 19510.14—2009	灯的控制装置第 14 部分:led 模块用直流或交流电子控制装置的特殊要求
GB 24819—2009	普通照明用 LED 模块安全要求
GB 24906—2010	普通照明用 50v 以上自镇流 LED 灯安全要求
GB 25991—2010	汽车用 LED 前照灯

（4）路灯标准（表6-4）

表 6-4　路灯标准

标准代号	标准名称
LB/T 001—2009	整体式 LED 路灯的测量方法
LB/T 002—2009	半导体照明试点示范工程 LED 道路照明产品技术规范
LB/T 003—2009	LED 隧道灯
DB 61/T488—2010	道路照明用 LED 灯

（5）CQC 技术规范（表6-5）

表 6-5　CQC 技术规范

标准代号	标准名称
CQC 3127—2010	《LED 道路/隧道照明产品节能认证技术规范》
CQC 3128—2010	《LED 筒灯节能认证技术规范》
CQC 3129—2010	《反射镜子镇流 LED 灯节能技术规范》

（6）IEC（国际电工委员会）标准（表6-6）

表 6-6　IEC 标准

标准代号	标准名称
IEC 60598-1:2003	灯具第 1 部分:一般要求与试验
IEC 60598-1:2008	灯具第 1 部分:一般要求与试验
IEC 60598-2-1:1987	灯具第 2-1 部分:特殊要求:固定式通用灯具
IEC 60598-2-3:2002	灯具第 2-3 部分:特殊要求:道路和街道照明灯
IEC 60838-1:2004	杂类灯座第 1 部分一般要求和试验
IEC 60838-2-2:2006	杂类灯座第 2-2 部分 LED 模块用连接器的特殊要求
IEC/TR 61341:2010	反射灯中心光强和光束角的测量方法
IEC 61347-1:2007	灯的控制装置第 1 部分:一般要求与试验
IEC 62031—2008	普通照明用 LED 模组,安全要求
IEC 62384:2006	LED 模组用直流或交流电子控制装置,性能要求
IEC 62471—2006	光生物学灯具的安全及系统法规
IEC/TS 62504—2008	普通照明用 LED 和 LED 模块术语和定义
IEC 62560	普通照明 50V 以上自镇流 LED 灯安全要求
IEC/PAS 62612—2009	通用照明设备用自镇流 LED 灯性能要求

（7）IESNA（北美照明学会）标准（表6-7）

表 6-7　IESNA 标准

标准代号	标准名称
IESNA-LM-79:2008	颜色特性测量
IESNA LM-80:2008	光源流明衰减测量方法

（8）ANSI（美国国家标准）标准（表6-8）

表6-8　ANSI标准

标准代号	标准名称
ANSI C78.377	固态照明产品的色度指标

（9）ENERGY STAR（能源之星）标准（表6-9）

表6-9　能源之星标准

ENERGY STAR®PROGRAM REQUIREMENTS FOR RESIDENTIAL LIGHT FIXTURES
ENERGY STAR®PROGRAM REQUIREMENTS FOR SSL LUMINAIRES
ENERGY STAR®PROGRAM REQUIREMENTS FOR INTEGRAL LED LAMP
ENERGY STAR®PROGRAM REQUIREMENTS FOR LUMINAIRES ELIGIBILITY CRITERIA

（10）电池兼容标准（表6-10）

表6-10　电池兼容标准

标准代号	标准名称
GB 17625	电磁兼容限值谐波电流发射限值(设备每相输入电流≤16A)(IEC 61000-3-2:2001,IDT)
GB 17625	电磁兼容限值谐波电流发射限值(设备每相输入电流≤16A)(IEC 61000-3-3:2005,IDT)
GB/T 17626.5—2008	电磁兼容试验和检测技术浪涌(冲击)抗扰度试验
GB 17743—2007	电器照明和类似设备的无线电骚扰特性的限值和测量方法(CISPR 15:2005+A1:2006,IDT)
GB/T 18595—2001	一般照明设备电磁兼容抗扰度要求(IEC 61547:1995)

（11）其他标准（表6-11）

表6-11　其他标准

标准代号	标准名称
QB/T 4057—2010	普通照明用发光二极管性能要求

6.2　灯具检测项目

灯具检测是检测单位依据灯具检测标准，指针对灯具生产厂家的规范成品，检验其在生产过程中的加工方法、质量等级、性能参数等项目，并提供专业的检测报告。

我国国家灯具质量监督检验中心检测的产品包括普通灯具到特殊用途的防爆灯具、应急照明灯具、船用及水下灯具和机场灯具等，同时能提供泛光照明灯具、隧道照明灯具、道路照明灯具、室内照明灯具等各类灯具的光度学参数的检测与体育场馆等现场照明的检测等检测项目。中心接受社会各界的委托，对生产领域和流通领域的照明电器产（商）品进行委托检验、监督检验、质量仲裁检验、验货检验、新产品和科研成果鉴定检验，向政府部门、社会及企业提供检验数据和质量信息，出具科学、公正并具有法定效力的检验报告，并承担照明电器强制性认证产品认证检测，出具CCC报告和CB报告。

国家灯具质量监督检验中心是经中国合格评定国家认可委员会认可的实验室、国家认证认可监督管理委员会指定CCC认证检测机构。中心经各级认可、认证机构审查认可、授权的名称如下所示。

① 国家认证认可监督管理委员会指定承担中国强制性产品认证检测机构。

② 中国合格评定国家认可委员会认可实验室。

③ 中国质量认证中心签约检测机构。

④ 中国电磁兼容认证中心签约检测机构。

⑤ 国家级照明灯具防爆安全监督检验站。

⑥ 中国船级社授权船用灯具验证试验机构。

⑦ 国家轻工业灯具质量监督检测中心。

⑧ 上海市灯具质量监督检验站。

⑨ 全国照明电器标准化技术委员会灯具标准化分技术委员会。

⑩ 全国灯具标准化中心。

⑪ 中国照明学会灯具专业委员会。

⑫ 美国 UL 第三方试验数据程序实验室。

⑬ 意大利 IMQ 签约检测机构。

⑭ 斯洛文尼亚 SIQ 签约检测机构。

⑮ 科码质量认证（香港）有限公司签约检测机构。

6.2.1 灯具电气性能测试

通过使用特殊的电气测量设备，可以得到被测灯具的电气参数，如实测功率（W）、电压（V）、电流（A）、功率因数（PF）、电气安全等级、抗电强度、漏电电流以及绝缘电阻等。某 LED 灯具电气参数检测报告样表见表 6-12。

表 6-12 某 LED 灯具电气参数检测报告表

序号	检测项目	技术参数(开发单位提供)	实测值
1	灯具功率/W		
2	功率因数		
3	输入电压/V		
4	输入电流/A		
5	驱动方式		
6	LED 单灯的工作电流		
7	单一颜色工作电流		
8	控制方式		
9	接口连接方式		
10	灯具安全等级		
11	抗电强度		
12	漏电电流		
13	绝缘电阻		

大型环境试验机适用于航空航天产品、信息电子仪器仪表、材料、电工、电子产品、各种电子元气件在高低温或湿热环境下、检验其各性能项指标，如图 6-1 所示。

① 设备型号：BUIN-IN-ROOM-E2；

② 温度范围：常温＋15.0℃至 80.0℃；

③ 温度控制精度：±2.0℃；

④ 温度分布均匀：±3.0℃；

⑤ 加温时间：自常温至 80℃，约 60min；

⑥ 内箱尺寸（测试区）：650cm×210cm×760cm（$W×H×D$）；

图 6-1 灯具环境参数测试设备

⑦ 外箱尺寸：715cm×255cm×815cm（$W×H×D$）。

6.2.2 灯具光学测试

对灯具产品进行光学测试主要是利用积分球，测量灯具光源的光度学、色度学参数。积分球又称为光通球，是一个中空的完整球壳。内壁涂白色漫反射层，且球内壁各点漫射均匀。光源在球壁上任意一点上产生的光照度是由多次反射光产生的光照度叠加而成的（图6-2）。

① 积分球测量全光（光度参数）：全光通流明数（lm）、功率因数（PF）、发光效率（lm/W）、总谐波失真（THDI）、闪灯（Flicker）。

② 积分球测量分光（色度参数）：相关色温（CCT）、颜色指数（CRI）、主波长、色容差图、色光光谱图（SPD）、色光反射率（Radiant power）、CIE1931色度坐标图（Yxy或Lab，Luv）。

设备型号：积分球（200cm）。

波长测试范围：350～1050nm。

主要检测项目：测试光源的色品坐标、色温、显色性指数、色容差、峰值波长、主波长、色纯度、色比、光谱分布、光通量、光辐射功率、光效、电压、电流、功率、功率因数、频率等参数，满足国际照明委员会CIE对光和颜色测量要求。

③ 配光曲线仪测量灯具配光。配光曲线仪应用于各种LED路灯、室内外各种照明灯具的空间光强分布及多种光度参数的测定，包括空间光强分布曲线、任意截面上的光强分布曲线、等照度分布曲线、亮度限制曲线、区域光通量、灯具效率、眩光等级、灯具的总光通量、有效光通量以及利用系数等。利用配光曲线仪，可以得到灯具的配光曲线，从曲线图中读取出灯具的全光通流明数、发光效率、光束角、照明率、最大烛光数等一系列参数，生成配光曲线图、统一眩光指数配光卡式坐标图等，配光曲线电脑档案以＊.ies文件形式存放（图6-3）。

图6-2 直径2m积分球光学测试实例　　图6-3 配光曲线仪测量灯具实例

设备型号：GF-LID-300

操作界面：LID-2D，3D强度分布图，垂直剖面图，水平剖面图

机台尺寸：120cm×120cm×162cm，60cm～12m

量测范围（Z轴）50cm～12m，X轴（Detector）＞±5mm，Y轴（Detector）＞±5mm

夹持灯具最大尺寸：Tube为140cm，Lamp为120cm×60cm×25cm

灯具光学测试项目样表见表6-13～表6-16，各检测项目坐标图样如图6-4～图6-14所示。

表 6-13　灯具光学参数检测样表

×××灯具光学参数			
序号	指标	厂商提供参数	实测值
1	光源及数量		
2	LED 厂家		
3	LED 型号		
4	LED 封装类型		
5	视角(°)		
6	亮度等级		
7	色温及色坐标		
8	总光通量		
9	光强		
10	光通维持特性		
11	颜色维持特性		

表 6-14　某灯具的照明率

RCC %	80				70				50			30			10			0
RW %	70	50	30	0	70	50	30	0	50	30	20	50	30	20	50	30	20	0
RCR:0	1.18	1.18	1.18	1.18	1.15	1.15	1.15	0.99	1.10	1.10	1.10	1.06	1.06	1.06	1.01	1.01	1.01	0.99
1	1.13	1.11	1.09	1.07	1.11	1.09	1.07	0.94	1.05	1.03	1.02	1.01	1.00	0.99	0.98	0.97	0.96	0.94
2	1.09	1.04	1.01	0.98	1.07	1.03	1.00	0.90	1.00	0.97	0.95	0.97	0.95	0.93	0.94	0.92	0.91	0.89
3	1.04	0.99	0.95	0.91	1.03	0.98	0.94	0.86	0.95	0.92	0.89	0.93	0.90	0.88	0.91	0.89	0.87	0.85
4	1.01	0.94	0.90	0.86	0.99	0.93	0.89	0.82	0.91	0.88	0.85	0.89	0.86	0.84	0.88	0.85	0.83	0.82
5	0.97	0.90	0.86	0.82	0.96	0.89	0.85	0.79	0.88	0.84	0.81	0.86	0.83	0.80	0.85	0.82	0.80	0.78
6	0.94	0.87	0.82	0.79	0.93	0.86	0.82	0.77	0.85	0.81	0.78	0.83	0.80	0.77	0.82	0.79	0.77	0.76
7	0.91	0.84	0.79	0.76	0.90	0.83	0.79	0.74	0.82	0.78	0.75	0.81	0.77	0.75	0.80	0.77	0.74	0.73
8	0.88	0.81	0.76	0.73	0.87	0.80	0.76	0.72	0.79	0.75	0.73	0.78	0.75	0.72	0.78	0.74	0.72	0.71
9	0.86	0.78	0.74	0.71	0.85	0.78	0.74	0.70	0.77	0.73	0.70	0.76	0.73	0.70	0.76	0.72	0.70	0.69
10	0.83	0.76	0.72	0.69	0.83	0.76	0.71	0.68	0.75	0.71	0.68	0.74	0.71	0.68	0.74	0.70	0.68	0.67

表 6-15　统一眩光指数

参照 UGR 的照射评估										
ρ 天花板	70	70	50	50	30	70	70	50	50	30
ρ 墙壁	50	30	50	30	30	50	30	50	30	30
ρ 地板	20	20	20	20	20	20	20	20	20	20
空间尺寸 X Y	横向观察方向 朝向灯轴					纵向观察方向 朝向灯轴				
2H　2H	5.8	6.5	6.0	6.7	6.9	6.2	6.9	6.4	7.1	7.3
3H	6.0	6.6	6.2	6.8	7.1	6.3	7.0	6.6	7.2	7.5
4H	6.0	6.6	6.3	6.9	7.1	6.4	7.0	6.7	7.3	7.5
6H	6.0	6.6	6.3	6.9	7.1	6.4	6.9	6.7	7.2	7.5
8H	6.0	6.5	6.3	6.8	7.1	6.3	6.9	6.7	7.1	7.4
12H	6.0	6.5	6.3	6.8	7.1	6.3	6.8	6.6	7.1	7.4
4H　2H	5.7	6.3	6.0	6.6	6.8	6.1	6.7	6.4	7.0	7.2
3H	6.0	6.5	6.4	6.8	7.1	6.4	6.9	6.7	7.2	7.5
4H	6.1	6.6	6.5	6.9	7.3	6.5	6.9	6.8	7.2	7.6
6H	6.2	6.5	6.6	6.9	7.3	6.4	6.8	6.8	7.2	7.5
8H	6.1	6.5	6.5	6.8	7.2	6.4	6.7	6.8	7.1	7.5
12H	6.1	6.4	6.5	6.8	7.2	6.4	6.7	6.8	7.1	7.5

续表

空间尺寸 X	Y	横向观察方向 朝向灯轴					纵向观察方向 朝向灯轴				
8H	4H	6.1	6.4	6.5	6.8	7.2	6.4	6.7	6.8	7.1	7.5
	6H	6.1	6.4	6.6	6.8	7.2	6.4	6.6	6.8	7.1	7.5
	8H	6.1	6.3	6.6	6.7	7.2	6.4	6.6	6.8	7.0	7.5
	12H	6.1	6.2	6.5	6.7	7.2	6.3	6.5	6.8	6.9	7.4
12H	4H	6.1	6.4	6.5	6.8	7.2	6.4	6.7	6.8	7.1	7.5
	6H	6.1	6.3	6.6	6.7	7.2	6.4	6.6	6.8	7.0	7.5
	8H	6.1	6.2	6.5	6.7	7.2	6.3	6.5	6.8	6.9	7.4
对应照射距离,改变观察者位置 S											
S=1.0H		+2.9/−2.6					+3.1/−3.0				
S=1.5H		+5.2/−3.7					+5.5/−4.2				
S=2.0H		+7.1/−4.4					+7.4/−4.9				
标准表格		BK01					BK01				
更正加数		−11.9					−11.6				
更正的闪光指数,参照92lm增光通量											

表 6-16　某 LED 灯具参数检测样表

序号	检测项目	厂家提供参数	实测值
1	光源及数量		
2	LED 型号		
3	LED 封装类型		
4	视角/(°)		
5	亮度等级		
6	色温及色坐标		
7	总光通量/lm		
8	光强/cd		
9	光通维持特性		
10	颜色维持特性		

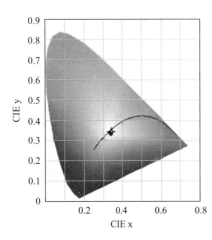

图 6-4　CIE1931 色度坐标图

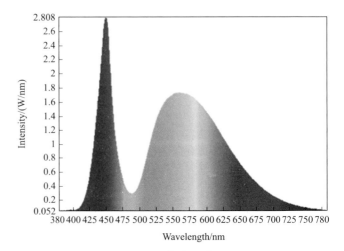

图 6-5　色光光谱图

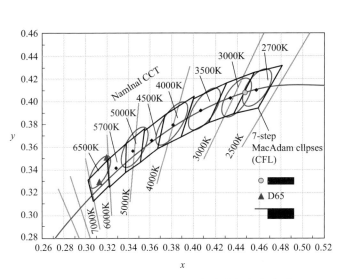

图 6-6 LED 能源之星 CIE1993 色度坐标与色容差图

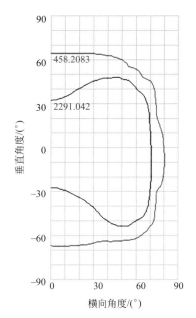

图 6-7 光强度分布图

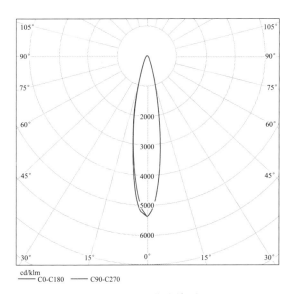

图 6-8 配光曲线检测图

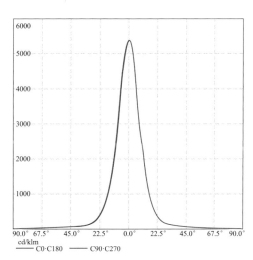

图 6-9 卡式坐标图

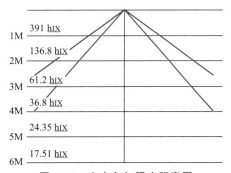

图 6-10 光束角与照度距离图

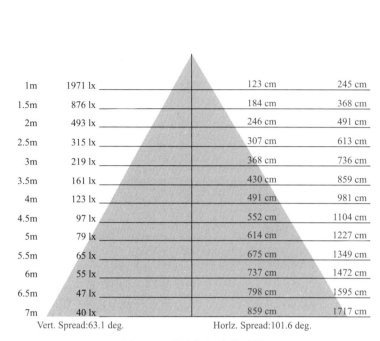

1m	1971 lx		123 cm	245 cm
1.5m	876 lx		184 cm	368 cm
2m	493 lx		246 cm	491 cm
2.5m	315 lx		307 cm	613 cm
3m	219 lx		368 cm	736 cm
3.5m	161 lx		430 cm	859 cm
4m	123 lx		491 cm	981 cm
4.5m	97 lx		552 cm	1104 cm
5m	79 lx		614 cm	1227 cm
5.5m	65 lx		675 cm	1349 cm
6m	55 lx		737 cm	1472 cm
6.5m	47 lx		798 cm	1595 cm
7m	40 lx		859 cm	1717 cm

Vert. Spread:63.1 deg.   Horlz. Spread:101.6 deg.

图 6-11　照度与距离关系图

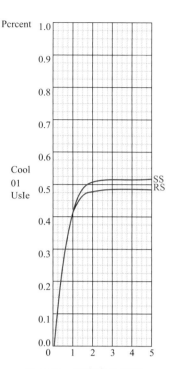

图 6-12　照度率坐标图

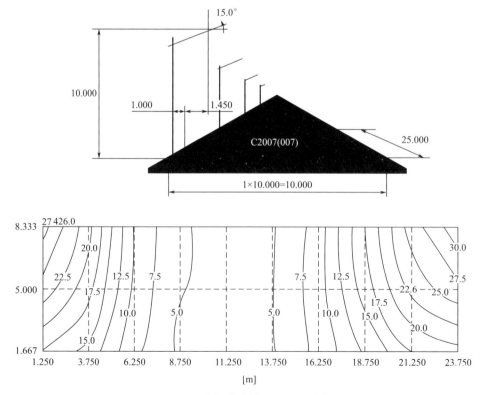

图 6-13　路灯道路模拟及光度计算

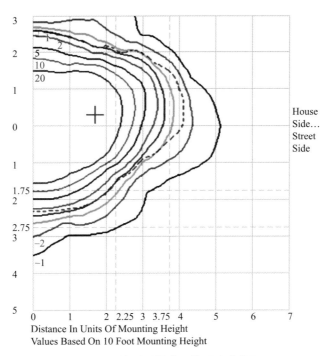

House
Side...
Street
Side

Distance In Units Of Mounting Height
Values Based On 10 Foot Mounting Height

图 6-14 检测所得路面等照度曲线图

④ 其他测试。光衰曲线、点灭测试、光通维持率、光谱测量、物体表面反射系数、吸收率（曲线及数据）、辉度测试、紫外线 UVA/UVB 或 UVC、灯具热分布分析、室内外灯具 3D 照明效果图、光合作用光辐射光量。

6.2.3 灯具造型指标测试

灯具的造型测试项目包含外壳结构材料、灯具类型、重量、灯具标签以及灯具防护等级等指标。检测样表见表 6-17。

表 6-17 某灯具造型参数样表

×××灯具造型结构参数			
序号	指标	厂商提供参数	实测值
1	灯具类型		
2	外壳结构材料		
3	质量/kg		
4	尺寸(尺寸图)		
5	防护等级		
6	灯具表面材料		

6.2.4 灯具可靠性测试

1）高温试验

测试方法——将待测灯具放进恒温箱，连接电路，把调压器的输出电压调至 180V（调压器仅给待测灯具供电），打开恒温箱电源，把温度设定在 60℃，待箱内的温度升至 60℃时打开灯具的电源，观察灯具是否正常工作，然后把调压器升至 250V，让其工作 24h，观察实验结果。若发生灯具损坏材料受热变形等异常现象，则该项检测结果为不合格。

2）高温高压冲击启动试验

测试方法——在高温状态下，把调压器电压调至250V，开关三次，每次间隔时间不少于8s（间隔8s是要等灯具内的电容全部放电，减少相互干扰），在此过程中，灯具不损坏为合格，否则不合格。

3）低温试验

测试方法——将待测灯具放进低温箱，连接电路，把调压器的输出电压调至180V（调压器仅给待测灯具供电），打开低温箱电源，把温度设定在−15℃，待箱内温度降至−15℃时再保持2h，让灯具充分冷却后打开灯具电源，观察实验结果。若发生灯具损坏、不能启动等异常现象时该项检测项目为不合格。

4）低温高压冲击启动试验

测试方法——接上项测试，在低温状况下，把调压器电压调至250V，开关3次，每次间隔不少于8s（间隔8s是要待灯具内的电容全部放电，减少相互干扰），在此过程中，灯具不应该损坏，否则视为不合格。

5）振动试验

测试方法——将被测灯具样品包装好，放在振动试验台上（电磁振动台BF-LD及模拟运输振动台BF-SV系列产品），测试信号的频率0.5~5Hz，周期1min，振幅1.5cm，于上下、左右、前后三个方向分别使用30min。然后取出样品测试，不应该有损坏现象出现，否则视为不合格。

6）灯具使用寿命试验

测试方法1——将灯具接上额定电压220V，让其正常工作，记录开始时间，待每个灯具损坏时，记下终止时间。当所有的灯具损坏时，求出灯具的平均工作时间，这即为灯具产品的寿命。

测试方法2——根据实际灯具产品，采取加速使用寿命老化的方法（例如加高温、高压和频繁开关等），根据实际情况采用专用的老化设备，测量出灯具产品的平均使用寿命。

7）老化试验

测试方法——首先把电压调至250V，关好电源，再把产品装上老化台，开关3次，每次间隔8s以上，然后断电；再把电压调至170V，通电观察，最后把电压调至250V，老化2h后，开关3次每次间隔8s，老化结束。在以上过程中，如果发现问题的产品视为不合格。灯具可靠性测试样表见表6-18。

表 6-18　某 LED 灯具可靠性测试样表

通电时间/min	固定测量点温度/℃			具体测量点温度/℃			环境温度/℃	备注
	LED	驱动 IC	灯具外壳	LED	驱动 IC	灯具外壳		
0								
30								
60								
90								
120								
150								
180								

6.3 灯具检测项目中的常用设备

1）跌落实验设备

跌落实验机是通过自由落下对试件进行垂直冲击试验，用以评定试件外壳的保护能力，从而为包装设计、包装缓冲材料的选定提供依据，以便更好地改进包装。

① 设备型号：VS-1018。

② 跌落高度：300～1500mm。

③ 试件最大质量：约85kg。

④ 试件占用最大空间尺寸（长×宽×高）：800mm×800mm×800mm。

⑤ 冲击面板尺寸（长×宽×高）：1500mm×1000mm×20mm。

⑥ 跌落高度误差：≤±5mm。

⑦ 托板中心垂直方向加速度值：≥39.2m/s²。

⑧ 托板与冲击面板平行误差：≤30mm。

2）盐水喷雾试验机

盐水喷雾试验机是利用盐雾试验设备所创造的人工模拟盐雾环境条件来考核产品或金属材料耐腐蚀性能的环境试验。为人工气候环境"三防"（湿热、盐雾、霉菌）试验设备之一，是研究机械、国防工业、轻工电子、仪表等行业各种环境适应性和可靠性的一种重要试验设备。

① 设备型号：ESST-792。

② 温度范围：a. 饱和空气筒温度：常温～50℃。
　　　　　　　b. 盐水雾化池温度：常温～50℃。
　　　　　　　c. 空气加湿桶温度：常温～63℃。

③ 盐水喷雾量：可调于0.5～3.0mL/sq. cm². h。

④ 压缩空气压力：可调于1.0～2.0kg²/sq. cm。

⑤ 内部尺寸：120cm×60cm×110cm（$W \times H \times D$）。

⑥ 外部尺寸：190cm×140cm×160cm（$W \times H \times D$）。

3）振动试验机

振动试验机提供产品在制造、运输及使用过程中的振动环境，鉴定产品是否有承受此环境的能力，用于发现早期故障，模拟实际工况考核和结构强度试验。此产品广泛应用于国防、航空、航天、通信、电子、电器、汽车制造等行业。

① 设备型号：ERV-5060M。

② 尺寸：500mm（W）×600mm（L）。

③ 加速度范围：0～11m/s²。

④ 振幅范围：0～2.8mm。

⑤ 振动台负载能力：200kg。

⑥ 频率范围：5～100Hz。

⑦ 测试模式：定频测试 扫频测试 多阶随机测试。

4）耐水试验机

耐水试验机主要适用于电子电工，航空航天，军工等科研单位外部照明、信号装置及汽车灯具外壳防护试验检测，借以检测产品的耐水性能。

① 设备型号：ESRT-5040-E。

② 内箱尺寸：120cm×350cm×120cm（$W \times H \times D$）。

③ 外箱尺寸：250cm×370cm×130cm（$W \times H \times D$）。

④ 喷水距离：自喷嘴至试验架产品外壳之距离 2.5～3m。

⑤ 喷水角度：于试验架上方由上往下喷，须有倾斜度。

⑥ 喷水时间：最少为 3min。

5）耐尘试验机

耐尘试验机适用于各种汽车零部件做防尘及耐尘试验，测试零部件包含有车灯、仪表、电气防尘套、转向系统、门锁等。

① 设备型号：DSDT-1000-C。

② 内箱尺寸：100cm×100cm×100cm（$W \times H \times D$）。

③ 外箱尺寸：135cm×196cm×135cm（$W \times H \times D$）。

④ 送风方式：高压风机循环送风流尘方式。

⑤ 送风流尘停止时间：0～9999min 可自由调整。

⑥ 送风流尘搅拌时间：0～9999min 可自由调整。

⑦ 测试温度范围：20℃±15℃。

⑧ 测试湿度范围：45％～85％（RH）。

6）高温储存测试设备

高温储存测试设备用于对电子电工、汽车摩托，船舶兵器、高等院校、科研单位等相关产品的零部件及材料在高温恒温变化的情况下，检验其各项性能指标。

① 设备型号：EPO-840。

② 温度范围：常温＋10～200℃。

③ 表头控制精度：±0.2℃。

④ 加温时间：从室温至200℃时，在 75min 以内。

⑤ 内箱尺寸：110cm×95cm×75cm（$W \times H \times D$）。

⑥ 外箱尺寸：167cm×177cm×90cm（$W \times H \times D$）。

7）恒温恒湿试验机

恒温恒湿试验机，又称环境试验机，试验各种材料耐热、耐寒、耐干燥、耐湿性能。适合电子、电器、食品、车辆、金属、化学、建材等行业品管之用。

① 设备型号：ETH-1215-40-CP-AR。

② 温度范围：－40～100℃。

③ 湿度范围：20％～98％（RH）。

④ 内箱尺寸：100cm×100cm×80cm（$W \times H \times D$）。

⑤ 外箱尺寸：145cm×190cm×135cm（$W \times H \times D$）。

8）冷热冲击试验仪

冷热冲击试验仪是以待测物品不动之方式来测试因高低温急速变化而对产品是否造成不良的影响。一般用于电子部件、汽车零件及高科技产品等；需要苛刻的环境条件测试及高信耐性需求的检验。

① 设备型号：ETST-864-40-AW。

② 高低温区温度范围分为以下两部分。

a. 高温区部分：80～200℃。

b. 低温区部分：－10～－50℃。

③ 温度测试范围分为以下两部分。

a. 高温：60～150℃。

b. 低温：－10～－40℃。

④ 温度分别均匀度：±3℃。

⑤ 解析精度：0.1℃。

第7章

典型灯具产品组装与工程施工

学习要点

① 了解常用灯具组装辅料及其特点，熟练使用组装工具与常用仪器。

② 掌握常见 LED 灯具产品的结构与工作原理，能够独立进行灯具产品的组装与维修。

③ 学习道路照明、景观照明的工程实例，掌握设计原理，能独立提交设计方案并进行技术分析。

7.1 灯具组装工具、仪器与施工材料

7.1.1 灯具组装工具

1）螺钉旋具

螺钉旋具是一种用来拧转螺钉以使其就位的工具，通常有一个薄楔形头，可插入螺钉头的缝或凹口内。常用的旋具有"一"字和"十"字两种。

① 普通螺钉旋具，如图 7-1(a) 所示。就是头柄制造在一起的旋具，使用方便。由于螺钉有多种不同规格，需要准备多支不同规格的普通旋具。

② 组合型螺钉旋具，如图 7-1(b) 所示。就是一种把旋具头和柄分开的旋具，要安装不同类的螺钉时，只需把旋具头换掉就可以。

③ 电动螺钉旋具，如图 7-1(c) 所示。是以电动机代替人手安装和移除螺钉，通常是组合螺钉旋具。

(a) 普通螺钉旋具

(b) 组合型螺钉旋具

(c) 电动螺钉旋具

图 7-1　螺钉旋具

2）钳子

钳子是一种用于夹持、固定加工工件或者扭转、弯曲、剪断金属丝线的手工工具，钳子的外形呈 V 形，通常包括手柄、钳腮和钳嘴三个部分。钳子的各部位的作用是：齿口可用来紧固或拧松螺母，刀口可用来剖切软电线的橡皮或塑料绝缘层，铡口可以用来切断电线、钢丝等较硬的金属线。使用时常与电线之类的带电导体接触，故其钳柄上套有额定工作电压500V 的绝缘套管，以确保操作者的安全。钳子可分为夹持式钳子、钢丝钳、剥线钳、管子钳等。

① 钢丝钳。钢丝钳是一种夹钳和剪切工具、其外形如图 7-2(a) 所示。钢丝钳由钳头和钳柄组成，钳头包括钳口、齿口、刀口和铡口。电工常用的钢丝钳有 150mm、175mm、200mm 及 250mm 等多种规格。

② 尖嘴钳。尖嘴钳又称修口钳，如图 7-2(b) 所示。它是由尖头、刀口和钳柄组成。主要用来剪切线径较细的单股与多股线，以及给单股导线接头弯圈、剥塑料绝缘层等。

③ 剥线钳。剥线钳由刀口、压线口和钳柄组成，其外形如图 7-2(c) 所示。剥线钳适宜用于塑料、橡胶绝缘电线、电缆芯线的剥皮。

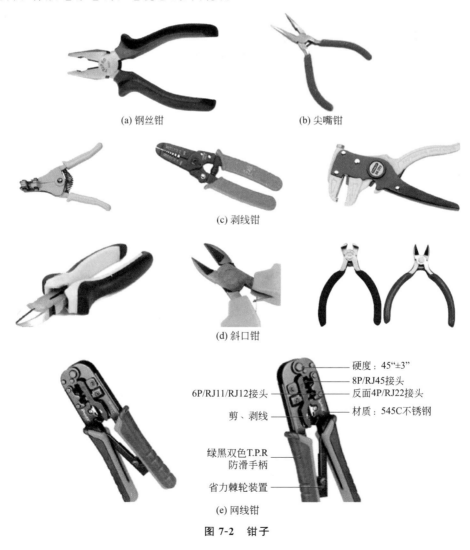

(a) 钢丝钳　　(b) 尖嘴钳
(c) 剥线钳
(d) 斜口钳

硬度：45"±3"
8P/RJ45接头
6P/RJ11/RJ12接头
反面4P/RJ22接头
剪、剥线
材质：545C不锈钢
绿黑双色T.P.R防滑手柄
省力棘轮装置
(e) 网线钳

图 7-2　钳子

④ 斜口钳。斜口钳主要用于剪切导线，元器件多余的引线，还常用来代替一般剪刀剪切绝缘套管、尼龙扎线卡等。斜口钳其外形如图 7-2(d) 所示。

⑤ 网线钳。网线钳是用来压接网线或电话线和水晶头的工具，外形如图 7-2(e) 所示。可以压接电话接入线 RJ11 接白、网线 RJ45 接口，一般都带有剥线和剪线的功能。

3）电烙铁

电烙铁是电子产品生产和电器维修必不可少的主要工具，主要用途是焊接元器件及导线。按结构可分为内热式电烙铁和外热式电烙铁，如图 7-3(a)、(b) 所示。内热式的电烙铁体积较小价格便宜，一般都用 20～50W 的内热式电烙铁作为灯具组装过程的主要工具。内热式的电烙铁发热效率较高，更换烙铁头也方便。外热式因发热电阻在电烙铁的外面而得名，主要适合于焊接大型的元部件，具有烙钵头使用的时间较长功率较大的优点。

焊台是一种常用于电子焊接工艺的手动工具，通过给焊料（锡丝）供热，使其熔化，从而将两个工件焊接起来。焊台的外形如图 7-3(c) 所示。

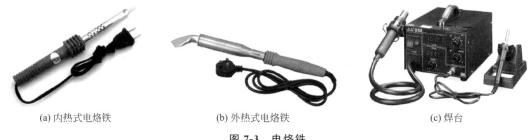

(a) 内热式电烙铁　　　　　(b) 外热式电烙铁　　　　　(c) 焊台

图 7-3　电烙铁

4）打灯头机

打灯头机是一种用来固定螺口灯头的工具，如图 7-4 所示。常用的打灯头机有 8 针、10 针、12 针，国内一般用 8 针的打灯头机来固定螺口灯具，中国香港地区、欧盟一般采用 12 针的打灯头机来固定螺口灯具。

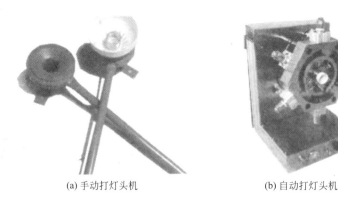

(a) 手动打灯头机　　　　　(b) 自动打灯头机

图 7-4　打灯头机

5）扳手

扳手是利用杠杆原理拧转螺栓、螺钉、螺母，以及其他螺纹紧固螺栓或螺母的开口或套孔固件的手工工具。扳手通常在柄部的一端或两端制有夹柄部，对外力柄部施加外力就能拧转螺栓或螺母持螺栓或螺母的开口或套孔。使用时沿螺纹旋转方向在柄部施加外力就能拧转螺栓或螺母，如图 7-5 所示。

图 7-5 扳手

① 钩形扳手。又称月牙形扳手，用于拧转厚度受限制的扁螺母等。

② 套筒扳手。它是由多个带六角孔或十二角孔的套筒并配有手柄、接杆等多种附件组成，特别适用于拧转地位十分狭小或凹陷很深处的螺栓或螺母。

③ 内六角扳手。呈 L 形的六角棒状扳手，专用于拧转内六角螺钉。扭力扳手在拧转螺栓或螺母时，能显示出所施加的扭矩；或者当施加的扭矩到达规定值后，会发出光或声响信号。扭力扳手适用于对扭矩大小有明确规定的地方。

④ 活动钳口。活动钳口一端制成平钳口，另一端制成带有细齿的凹钳口，向下按动蜗杆，活动钳口可迅速取下，调换钳口位置。

7.1.2 灯具组装仪器

1）万用表

万用表又称多用表、三用表、复用表，分为指针式万用表和数字万用表。万用表可测量直流电流、直流电压、交流电流、交流电压、电阻和音频电平等，有的还可以测交流电流、电容量、电感量及半导体的一些参数（如 β）。万用表由表头、测量电路及转换开关 3 个主要部分组成。其外形如图 7-6 所示。

图 7-6 万用表

（1）指针式万用表使用注意事项

① 在测电流、电压时不能带电换量程。

② 选择量程时要先选大的，后选小的，尽量使被测值接近量程。

③ 测电阻时不能带电测量。因为测量电阻时，万用表由内部电池供电，如果带电测量则相当于接入一个额外的电源，可损坏表头。

④ 用毕应使转换开关在交流电压最大挡位或空挡上。

⑤ 注意在欧姆表改换量程时，需要进行欧姆调零，无需机械调零。

（2）数字万用表使用方法

① 使用前应认真阅读有关的使用说明书，熟悉刀盘、按钮、插孔的作用。

② 使刀盘离开 OFF 位置即为开机。

③ 基本测量：根据需要拨到相应位置；交直流电压的测量：表笔插入相应的插孔。

④ 其他功能的测量：二极管筛选、温度、频率、占空比、快速脉冲、dB、趋势绘图、谐波分析、通断性、电导率、电容等均可以实现。

（3）数字万用表使用注意事项：

① 电流插孔是测量电流用的，不用的时候禁止使用，否则万用表可能被烧毁。

② 数字万用表量程是自动量程，如果想使用规定量程，请按量程选择键。

③ 当插错插孔时万用表有报警。使用趋势绘图、示波、逻辑分析、谐波分析等功能时，请查看量程选择和刀盘位置。

2）摇表

摇表又称兆欧表，是用来测量被测设备的绝缘电阻和高值电阻的仪表，它由一个手摇发电机、表头和 3 个接线柱（L 为线路端、E 为接地端、G 为屏蔽端）组成。其外形如图 7-7 所示。

图 7-7 摇表

（1）选用原则

① 额定电压等级的选择：一般情况下，额定电压在 500V 以下的设备应选用 500V 或 1000V 的摇表；额定电压在 500V 以上的设备选用 1000V 或 2500V 的摇表。

② 电阻量程范围的选择：摇表的表盘刻度线上有两个小黑点，小黑点之间的区域为准确测量区域。所以在选表时应使被测设备的绝缘电阻值在准确测量区域内。

（2）使用方法

① 校表：测量前应将摇表进行一次开路和短路试验，检查摇表是否良好。将两连接线开路，摇动手柄，指针应指在"∞"处，再把两连接线短接一下，指针应指在"0"处，符合上述条件者即为良好，否则不能使用。

② 被测设备与线路断开，对于大电容设备还要进行放电。

③ 选用电压等级符合的摇表。

④ 测量绝缘电阻时，一般只用 L 端和 E 端，但在测量电缆对地的绝缘电阻或被测设备的漏电流较严重时就要使用 G 端，并将 G 端接屏蔽层或外壳。线路接好后，可按顺时针方向转动摇把，摇动的速度应由慢而快，当转速达到每分钟 120 转左右时（ZC-25 型），保持匀速转动，1min 后读数，并且要边摇边读数，不能停下来读数。

⑤ 拆线放电：读数完毕，一边慢摇一边拆线，然后将被测设备放电。放电方法是将测

量时使用的地线从摇表上取下来与被测设备短接一下即可（不是摇表放电）。

（3）注意事项

① 禁止在雷电时或高压设备附近测绝缘电阻。只能在设备不带电也没有感应电的情况下测量。

② 摇测过程中，被测设备上不能有人工作。

③ 摇表线不能绞在一起，要分开。

④ 摇表停止转动之前或被测设备放电之前，严禁用手触及。拆线时，也不要触及引线的金属部分。

⑤ 测量结束时，对于大电容设备要放电。

⑥ 要定期校验其准确度。

3）钳表

钳表是一种用于测量正在运行的电气线路电流大小的仪表，可在不断电的情况下测量电流。钳表实质上是由一只电流互感器、钳形扳手和一只整流式磁电系有反作用力仪表所组成。其外形如图7-8所示。

（1）使用方法

① 测量前要机械调零。

② 选择合适的量程，先选大，后选小量程或看铭牌值估算。

③ 当使用最小量程测量，其读数还不明显时，可将被测导线绕几匝，匝效要以钳口中央的匝数为准，则读数＝指示值×量程/（满偏×匝数）。

④ 测量时，应使被测导线处在钳口的中央，并使钳口闭合紧密，以减少误差。

⑤ 测量完毕，要将转换开关放在最大量程处。

（2）注意事项

① 被测线路的电压要低于钳表的额定电压。

② 测高压线路的电流时，要戴绝缘手套，穿绝缘鞋，站在绝缘垫上。

③ 钳口要闭合紧密，不能带电换量程。

4）试电笔

试电笔也称测电笔，简称电笔。是一种电工工具，用来测试电线中是否带电。笔体中有一氖泡，测试时如果氖泡发光，说明导线有电，或者为通路的火线相线。试电笔中笔尖、笔尾为金属材料制成，笔杆为绝缘材料制成。使用试电笔时，一定要用手触及试电笔尾端的金属部分，否则因带电体、试电笔、人体与大地没有形成回路，试电笔中的氖泡不会发光，造成误判，认为带电体不带电。试电笔测试电压的范围通常在60～500V之间。其外形如图7-9所示。

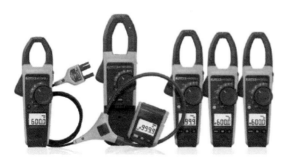

图7-8 钳表

图7-9 试电笔

5）示波器

示波器是一种用途十分广泛的电子测量仪器，它能把肉眼看不见的电信号变换成看得见的图像，便于人们研究各种电现象的变化过程。示波器利用狭窄的、由高速电子组成的电子束，打在涂有荧光物质的屏面上，产生细小的光点。在被测信号的作用下，电子束就好像一支笔的笔尖，可以在屏面上描绘出被测信号的瞬时值的变化曲线。利用示波器能观察各种不同信号幅度随时间变化的波形曲线，还可以用它测试各种不同的电量，如电压、电流、频率、相位差以及调幅度等。其外形如图 7-10 所示。

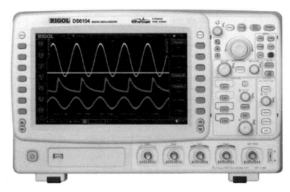

图 7-10　示波器

7.1.3　常用材料

1）导线

电线是由一根或几根柔软的导线组成，外面包以轻软的护层，用于承载电流的导电金属线材，有实心的、绞合的或箔片编织的等各种形式。一般由铜或铝制成，也有用银线所制成的。导线是连通用电设备正常工作的基础，用电设备离不开导线。电线和电缆并没有严格的界限，通常将芯数少、产品直径小、结构简单的产品称为电线。没有绝缘的称为裸电线，其他的称为电缆。导体截面积较大的（大于 $6mm^2$）称为大电线，较小的（小于或等于 $6mm^2$）称为小电线，绝缘电线又称为布电线。

电线电缆是用户在用电过程中必不可少的材料，其质量的好坏，直接关系到千家万户的用电安全。选购电线应在正规商场购买，认准国家 3C 认证和电线上 E 口有的商标、规格、电压等，质量好的电线一股都在规定的重量范围内。铜质合格的铜芯电线的铜芯应该是紫红色、有光泽、手感软。

2）松香

松香是焊剂的一种。由于金属表面同空气接触后都会生成一层氧化膜，温度越高氧化层越厚，这层氧化膜阻止液态焊锡对金属的浸润作用，犹如玻璃上沾上油就会使水不能浸润玻璃一样。焊剂是清除氧化膜的一种专用材料，又称助焊剂。助焊剂有三大作用。

① 除氧化膜：实质是与助焊剂中的物质发生还原反应，从而除去氧化膜，反应生成物变成悬浮的渣，漂浮在焊料表面。

② 防止氧化：其熔化后漂浮在焊料表面，形成隔离层，因此防止了焊接面的氧化。

③ 减小表面张力：增加焊锡流动性，有助于焊锡湿润焊件。

3）焊锡

焊锡是在焊接线路中连接电子元器件的重要工业原材料，广泛应用于电子工业、家电制遣业、汽车制造业、维修业和日常生活中。标准焊接作业时使用的线状焊锡被称为松香焊锡或线状焊锡。在焊锡中加入了助焊剂，这种助焊剂是由松香和少量的活性剂组成。焊接作业时温度的设定非常重要，焊接作业最适合的温度是在使用的焊接的熔点+50℃。烙铁头的设定温度，由于焊接部分的大小，电烙铁的功率和性能，焊锡的种类和线型的不同，在上述温度的基础上还要增加100℃为宜。

4）热缩套管

热缩套管是一种特制的聚烯烃材质热收缩套管，具有高温收缩、柔软阻燃、绝缘防蚀功能。广泛应用于各种线束、焊点、电感的绝缘保护，金属管的防锈、防蚀等，电压等级600V。其外形如图7-11所示。

图 7-11 PVC 热缩套管

PVC热缩套管具有遇热收缩的特殊功能，加热98℃以上即可收缩，使用方便。产品按耐温分为85℃和105℃两大系列，规格为φ2～200mm，产品符合欧盟RoHS环保指令。用于电解电容器、电感，低压室内母线铜排、接头、线束的标识、绝缘外包覆、LED引脚的包覆。

PET热缩套管（聚酯热缩管）从耐热性、电绝缘性能、力学性能上都大大超过PVC热缩套管，更重要的是PET热收缩套管具有无毒性、易于回收、对人体和环境不会产生毒害影响，更符合环保要求。

5）黄蜡管

黄蜡管（聚氯乙烯玻纤管）以无碱玻璃纤维编织而成，并涂以聚氯乙烯树脂经塑化的电气绝缘漆管。具有良好的柔软性、弹性、绝缘性和耐化学性，适用于电器、仪表、无线电等装置的布线绝缘和机械保护。如图7-12所示。规格为φ0.5～100mm，颜色有白色、白底绿条、白底红条、白底蓝条等，性能耐温105～300℃、耐压2500～4000V。

图 7-12 黄蜡管

6）护套线

护套线是指带有护套层的单芯或多芯电线，除了导线外面有一层绝缘层外，还有一层保护层。护套线分为硬护套（BVV）和软护套（RVV），根据应用环境和形状分为圆护套线和扁护套线，圆护套线一般的是多芯，扁的一般是单芯。RVV护套线主要应用于电器、仪表和电子设备及自动化装置用电源线、控制线及信号传输线，具体可用于防盗报警系统、楼宇对讲系统等，如图7-13所示。

7）线槽

线槽又称走线槽、配线槽、行线槽，是用来将电源线、数据线等线材规范整理，固定在

图 7-13 护套线

墙上或者天花板上的用具，如图 7-14 所示。

  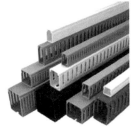

图 7-14 线槽

7.2 LED 照明灯具简介

LED 照明灯具是 LED 灯具的统称，随着 LED 技术的进一步发展与成熟，LED 将在居室照明灯具设计开发领域取得更多更好的发展，LED 照明灯具分类如下。

1）LED 射灯

传统射灯多采用卤素灯，发光效率较低、耗电量较大、被照射环境温度上升、使用寿命短。LED 在发光原理、节能 、环保等方面都远远优于传统照明产品，而且 LED 发光的单向性形成了对射灯配光的完美支持。插脚式的称为 MR16，按灯脚区分，还包括 E27、GU10 等，市面上的 LED 射灯大部分以 MR16 为主。

（1）MR16 射灯

目前市场上销量较大的主要有 MR16 1×1W、MR16 3×1W、MR16 1×3W、MR16 5×1W、MR16 1×5W 等，如图 7-15 所示。

MR（Multiface Reflect）即多面反射（灯杯），后面数字表示灯杯口径（单位是 1/8in），MR16 的口径＝16×1/8in＝2in≈50mm。MR16 是一种命名编号，其中 MR 代表直插式的射灯，接口是 GU5.3，即是 PIN 脚处的中心距。工作电压 12V。16 代表灯具的直径，后面数字表示灯杯口径（单位是 1/8in）。MR16 的外形尺寸：ϕ50mm×46mm。

（2）E27/GU10 射灯

目前市面上销量大的主要型号有 E271×1W、E27 3×1W、E275×1W、E277×1W、

(a) MR16 1×1W   (b) MR16 3×1W

图7-15 部分常用的 MR16 灯杯

E279×1W、E2712×1W 等。E27 射灯在市场上常见的类型如图 7-16 所示。

(a) E27 1×1W   (b) E27 3×1W   (c) E27 12×1W   (d) GU10灯头

图7-16 常见 E27 射灯

（3）PAR 灯

PAR 灯指采用大功率光源（LED 单颗的功率分别为 1W、3W、5W 等）的灯具，需要专用的 PAR 灯透镜。PAR 灯系列：PAR16、PAR20、PAR30、PAR38、PAR64 等。

PAR38（paraboloid aluminium reflector）：PAR 表示灯头为抛物面反射形，38 表示最大外径尺寸，即（1/8）×38×25.4≈120mm。PAR16、PAR30、PAR38：接口类型统一为 E27 灯头，工作电压 220V，16、30、38 表示最大外径尺寸。如 38 的，最大外径尺寸 P38 外形尺寸 ϕ120mm×141mm。

（4）LED 球泡灯

LED 球泡灯采用了现有的接口方式，即螺口（E26 \ E27 \ E14 等）、插口（B22）。为了符合人们的使用习惯，LED 球泡灯模仿了白炽灯泡的外形。基于 LED 单向性的发光原理，设计人员在灯具结构上做了更改，使得 LED 球泡灯的配光曲线基本与白炽灯的点光源性相同。基于 LED 的发光特性，LED 球泡灯的结构要比白炽灯复杂，基本分为光源、驱动电路、散热装置几部分，这些部分的共同配合才能组成低能耗、长使用寿命、高光效和环保的 LED 球泡灯产品。所以 LED 照明产品在目前来讲，仍然是技术含量较高的照明产品。常见的 LED 球泡灯如图 7-17 所示。

2）LED 筒灯

LED 筒灯是一种嵌入到天花板内光线下射式的照明灯具。LED 筒灯属于定向式照明灯具，只有它的对立面才能受光。光束角属于聚光型，光线较集中、明暗对比强烈。使用 LED 筒灯更加突出被照物体，流明度较高，更衬托出安静的环境气氛。

LED 筒灯能保持建筑装饰的整体统一与完美，不破坏灯具的设置，光源隐藏建筑装饰内部不外露，无眩光，人的视觉效果柔和、均匀。市场上常见的 LED 筒灯，如图 7-18 所示。也有一部分 LED 筒灯只是将原来传统灯具更换为 LED 灯具。

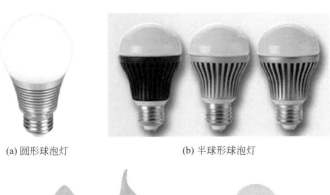

(a) 圆形球泡灯　　　　　　　　(b) 半球形球泡灯

(c) 异形球泡灯

图 7-17　常见的 LED 球泡灯

图 7-18　常见的 LED 筒灯

3）LED 天花灯

LED 天花灯是采用导热性极高的铝合金及相关结构技术设计生产的新型天花灯。LED 天花灯一律采用低光衰 LED 作为光源，以确保其使用寿命长、节能、高效、环保等特点。防触电等级达到Ⅱ级，电源放置在灯体外部（一般都是外接电源，即外置电源。外置电源一般都要配置外壳，但不防水），有窄光（15°、30°）、宽光（45°、60°）、配光可选，有光面透镜（强光）、网纹透镜（半强光）、珠面透镜（柔光）等配光方式。端子接线安装在室内。主要适用于汽车展示、珠宝首饰、高档服饰、专业橱窗、柜台等重点照明场所场所，是替代传统卤素灯和金卤灯的理想光源。在安装 LED 天花灯过程中，要根据 LED 天花灯的实际尺寸来开孔安装，开孔尺寸一定要符合 LED 天花灯标称的开孔径。常见的 LED 天花灯如图 7-19 所示。

4）LED 荧光灯

LED 荧光灯采用超高亮白光 LED 作为发光光源，外壳为压克力/铝合金。外罩可用 PC 或 PVC 制作，耐高温达 135℃。LED 荧光灯在外形尺寸口径上都一样，长度有 60cm、90cm、120cm 三种。LED 荧光灯安装角度一般为 180°，而原有荧光灯角度有 90°和 180°。如果在更换原来荧光灯时要注意，否则达到照度要求，最好选择可以旋转的万向灯头的 LED 荧光灯。常见的 LED 荧光灯如图 7-20 所示。

图 7-19　常见的 LED 天花灯

图 7-20　常见的 LED 荧光灯

5）光纤灯

　　光纤照明系统由光源、反光镜、滤色片及光纤组成，当光源通过反光镜后，形成一束近似平行光，由于滤色片的作用，又将该光束变成彩色光。当光束进入光纤后，彩色光就随着光纤的路径送到预定的地方。由于光在途中的损耗，所以光源一般都很强。光纤灯常用光源为 $150\sim250\mathrm{W}$。而且为了获得近似平行的光束，发光点应尽量小，近似于点光源。反光镜是能否获得近似平行光束的重要因素。所以一般采用非球面反光镜。滤色片是改变光束颜色的零件。根据需要，可用调换不同颜色滤光片的方法获得相应的彩色光源。

　　光纤是光纤照明系统的主体，其作用是将光传送到预定地方。光纤分为端发光和体发光两种。前者是光束传到端点后，通过尾灯进行照明，而后者本身就是发光体，形成一根柔性光柱。体发光广泛应用于建筑物装饰照明、景观装饰照明、文物工艺品照明、特殊场合照明、广告牌、娱乐场所等各种装饰亮化工程。光纤类型有普通型实心线光光纤、PVC 实心线光光纤、热塑型实心点光光纤、PVC 实心点光光纤等。常见的 LED 光纤灯如图 7-21 所示。

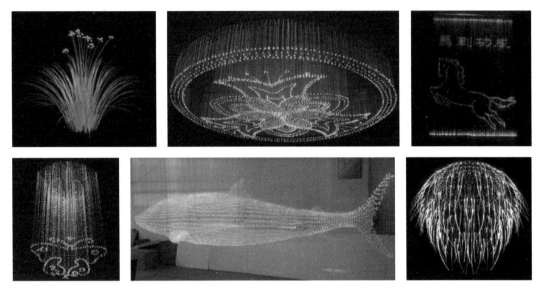

图 7-21   常见的 LED 光纤灯

6）LED 台灯

LED 台灯以 LED 为光源，光源采用大功率 LED，能耗低效率高，无紫外线、红外线和热辐射。采用低压恒流电源，无频闪无眩光、照射面积广、亮度均匀、视觉效果好，做到了发光柔和、平稳、连续，接近自然光，是真正的理想光源。LED 灯的使用寿命长达 50000h。LED 台灯采用金属结构，金属质感强，结实耐用。在台灯发光部位距桌面 350～400mm 处，桌面照度可达到 500Lx 以上。常见的 LED 台灯如图 7-22 所示。

图 7-22   常见的 LED 台灯

7.3   LED 照明灯具组装

7.3.1   MR16 灯杯组装

本节主要以 MR161×1W 射灯的组装为例，详细介绍 MR161×1W 射灯的组装流程及相关注意事项。MR16 灯杯所有配件，如图 7-23 所示。MR161×1W 射灯的组装流程如下。

① 外观检查

a. 外壳、灯头、反光杯、透镜、灯盖。目测外观有无刮伤、毛刺、裂痕、变形等不良

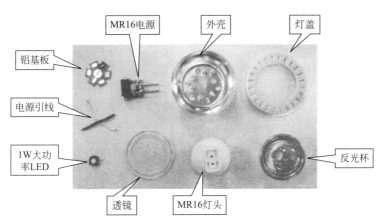

图 7-23　MR16 灯杯所有配件

现象，取一套样品进行模拟试装，以确认各配件的形状、大小是否合适。

b. 线路板。目测线路、元器件极性是否标示清楚，PCB 上的铜箔有无鼓起、开路、短路等不良状况。

c. LED。核对发光颜色及亮度、色温是否与所需一致，LED 灯表面有无刮伤，引脚是否光亮。如果有积分球，可以用 φ30 的积分球对 LED 的参数进行测试，了解其 LED 的各参数（如色温、色坐标、光面量等）。

d. 电源。加负载通电，确认电源标示参数与实际是否一致。

e. 电源引线。棕/白两根约 6cm 长的电源引线。

② 铝基板涂导热硅脂。将导热硅脂均匀均涂在铝基板标示的 LED 灯对应的位置上（即 LED 灯中心圆位置）。

③ 铝基板上焊接 LED。将 1PCS LED 灯的正负极与铝基板上所标示的"＋/－"位置进行焊接。焊接时，先在铝基板其中一个要焊接的引脚点上少量焊锡。将 LED 同极性端与预先点好焊锡同板性端进行焊接，再将 LED 的另一端焊接在铝基板上。

④ 铝基板焊接两条电源引线。用剥线钳将棕/白两根引线的线头剥开 0.2～0.4cm。对已剥开的线头进行上锡处理。将加锡后的棕色引线焊接在铝基板的"＋"端，白色引线焊接在铝基板的"－"端。

⑤ 外壳打胶及固定铝基板。在灯具外壳内侧打上 189 胶或者是 181T，棕/白两根引线从灯杯预留孔中穿过，并使铝基板与灯壳相结合固定。

⑥ 引线与电源连接。棕色引线焊接到电源输出"＋"端，白色引线焊接到电源输出"－"端。

⑦ 灯头打 189 胶。将 189 胶挤进灯头内侧凹槽内。

⑧ 将电源引脚针插进灯头。将电源插进灯头凹槽内，电源两只引脚从灯头末端穿出。

⑨ 点亮测试。外接交/直流 12V 电源，点亮后亮度和色泽均匀为合格，否则对 LED 灯、电源引线及电源进行检查修理。

⑩ 固定灯头。将灯头的 3 个导柱分别插入灯壳对应孔中，再用电烙铁加热压导柱灯头与灯壳结合在一起。

⑪ 装反光杯、透镜、灯盖。把反光杯中心孔对准 HD 灯中心位放进，反光杯底部两缺口分别卡住棕/白两根电源线放平。在反光杯上方平放上透镜，灯盖压进灯壳上部，并使灯盖与灯壳结合牢固。

⑫ 固定灯盖与通电检验。用小螺钉旋具在灯盖的侧面，挤压灯盖使之与灯杯结合，固定灯盖。外接交/直流12V电源点亮成品灯。点亮后亮度和色泽均匀为合格，否则对LED灯、电源引线及电源进行检查修理。

⑬ 检验。检验灯盖、灯壳及灯头结合是否牢固，LED灯是否位于反光杯和透镜中心，外观有无残缺。确保成品表面干净，无异物。

7.3.2 E27/GU10 3W 射灯的组装

本节详细介绍E27 3W射灯的组装流程及相关注意事项。E27 3W射灯的部件如图7-24所示，其组装流程如下。

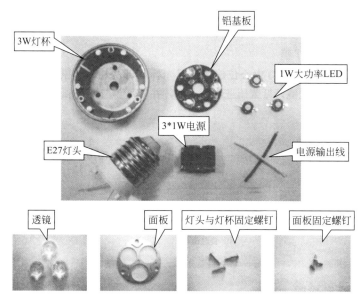

图 7-24 E27 3W 射灯的部件

① 外观检查

a. 目测灯杯、面板、透镜、灯头外观有无刮伤、毛刺、裂痕、变形等不良现象。取一套样品进行试装，以确认各配件的螺孔大小、位置是否合适。

b. 目测线路板（铝基板）、LED极性是否标示清楚，铜箔有无鼓起。

c. 用数字式万用表二极管挡位测试铝基板是否开路、短路等。

d. 核对大功率LED发光颜色、色温、封装等是否与所需一致，LED灯表面有无刮伤，焊接引脚上锡是否光亮，电源尺寸大小是否与灯头相配合，配合正常则加负载通电确认电源标示参数与实际是否一致。

e. 3颗长螺钉、3颗平头螺钉是否与螺孔大小配合，棕/白两根约6cm长的电源引线是否适中。

② 铝基板涂散热硅脂。将导热硅脂均匀涂在铝基板所标LED封装的中心圆上。

③ 铝基板上焊接LED。取3个LED灯按正负极与铝基板上所示的"＋/－"位置进行焊接。具体做法是，在铝基板的其中一个极性（如正板）上少量焊锡，将LED同极端（如正极）与预先点好的焊锡端进行焊接，再将LED的另一端焊接在铝基板上。

④ 铝基板焊接引线并通电测试。用斜口钳将棕/白两根引线的线头剥开0.2～0.4cm，对已剥开的线头进行上锡处理。将上锡后的棕色电源引线焊接在铝基板的"＋"端，白色电

源引线焊接在铝基板的"—"端，通电测试 3×1W 串联 LED 发光是否正常。检测铝基板上的 LED 灯，全亮为台格。发现不亮时，需对电路、LED 灯及焊接点进行检查，并针对不良项进行修理。

⑤ 灯杯涂导热硅脂及固定铝基板。铝基板底部均匀涂上导热硅脂，将棕/白两根电源引线从灯杯中心孔中穿过，并使铝基板与灯杯相结合，铝基板与灯杯的 3 个螺孔位置对正，如果发现焊点或 LED 引脚上有焊接时的残留物质，可以用无尘布（无纺布）蘸酒精进行清理，绝不能用有机溶剂，如洗板水、丙酮来清理焊接残留。

⑥ 铝基板引出线与电源的连接。将引线还未焊接的一端与 E27 电源输出端进行连接，棕色电源引线接"＋"，另一根电源引线接"—"。在灯头中打少量的 189 胶固定电源，防止电源与金属接触发生短路（或者对电源进行灌胶处理，灌上导热硅胶）。

⑦ 组装灯头。用螺钉固定灯头、灯杯，在螺孔位置用 3 颗长螺钉固定灯头和灯杯。

⑧ 组装透镜。将透镜内凹陷处对准 LED 灯之后平放。

⑨ 组装固定面板。将面板平放在灯杯表面，压住透镜边缘，且确保面板螺孔与灯杯的螺孔对正，在螺孔位置用 3 颗平头螺钉固定面板。

⑩ 通电检验。用交流 220V 进行通电检测，3PCS1W 串联 LED 灯全亮为合格。发现不亮时，需对 E27 射灯进行检查，并针对不良项进行修理。

7.3.3 球泡灯的组装

球泡灯的种类繁多，外形也是各种各样，本节介绍 5W 球泡灯的组装流程及相关注意事项。5W 球泡灯的配件，如图 7-25 所示。

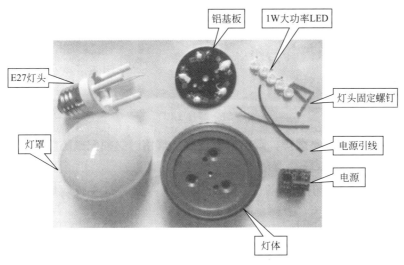

图 7-25　5W 球泡灯的配件

① 外观检查

a. 灯罩、灯杯、灯头。目测外观有无刮伤、毛刺、裂痕、变形等不良现象，取样品一套迂行模拟试装，以确认各配件的形状、大小是否合适。

b. 铝基板。目测线路、元器件极性是否标示清楚，铜箔有无鼓起、用仪表测试是否有开路、短路等不良状况。

c. LED。核对发光颜色及亮度是否与所需一致，LED 灯表面有无刮伤，焊接引脚是否光亮。

d. 电源。加负载通电确认电源标示实际是否一致。

e. 电源引线、螺钉。四根 6～8cm 长的电源引线，螺钉若干。

② 铝基板涂导热硅脂。取导热硅脂均匀涂在铝基板标示的 LED 灯具中心圆位置上。

③ 铝基板上焊接 LED。取 3PCS LED 灯按正负极与铝基板上所标示的"＋／－"位置进行焊接，在铝基板的其中一极点上少量焊锡，将 LED 同极性端与预先点好焊锡端进行焊接，再将 LED 的另一端焊接在铝基板上。

④ 灯头焊好输出线。在灯头内焊接 2 条输出引线，长 6～8cm，其中一条与灯头顶端焊接，另一条与灯头壁相连接。

⑤ 连接电源。将灯头线焊接到电源的输入端，电源的"＋"输出端接棕色线，电源的"－"输出端接白色线，线长 8～10cm。用热缩管套好电源，热缩管的长度一定要超过电源两端各 1cm，并用热风枪加热使热缩管收缩。

⑥ 灯头固定在灯杯上。用 3 颗螺钉固定灯头与灯杯，并使电源输出引线从灯杯中的电源输出孔中穿出。

⑦ 固定铝基板，焊接好电源输出端。在灯杯表面均匀打上导热硅脂，放进铝基板，在已打导热硅脂的灯杯上用 1 颗螺钉拧紧固定好铝基扳，将电源输出端的引线分别焊接到铝基板"＋""－"输入端。

⑧ 用 189 胶固定外罩。在灯杯边缘处涂上 189 胶，将灯罩压进灯杯上部，让 189 胶使灯罩与灯杯固定。

⑨ 通电测试。固定灯头与灯，外接交流 220V 电源进行点亮 5W 球泡灯试验。点亮后亮度和色泽均匀为合格，否则对 LED 灯、电源引线及电源进行检查修理。

⑩ 全面检验。检验灯头与灯杯、灯杯与灯罩结合是否牢固，外观有无残缺，确保成品表面干净，无异物。

7.3.4　LED 日光灯的设计与组装

1）LED 灯管的设计及选型

传统灯管按尺寸分为 T2、T3.5、T4、T5、T8、T10、T12 等，按功率分为 18W、30W、36W、58W 等。最常用的尺寸规格为 T5、T8、T10（T 后面的数字代表灯管的周长，单位为 cm，可以计算出直径，T8 直径为 25.4mm，T10 直径为 31.8mm），LED 灯管与传统灯管尺寸一致，灯盘一致。

LED 灯管包括光源（LED 灯珠）、PCB 灯板、电源、散热器、PC 罩、堵头、电线，每一个元器件都会影响整套灯管的品质。LED 灯管的核心是电源，分为内置和外置、隔离和非隔离。一般 TS、T10 的 LED 灯管可以选择内置电源，其他小尺寸的可以选择外置电源。在不要求外观和安装方式复杂的情况下，外置电源能够很好地散热，还可以延长产品的使用寿命。用隔离电源相对安全度比较高。

电源参数主要是使用寿命、功率因数、效率、尺寸、输入输出电压范围、功率及电流。电源当中电解电容的选取关系到电源的使用寿命。LED 荧光灯驱动电源的高度取决于变压器的高度。测试 LED 日光灯驱动电源需做多次的 1s 开关测试，老化 24h 排除不稳定因素。一般选用内置宽电压高效率恒流开关电源供电，比较稳定，能使照明亮度均匀稳定。

光源的优劣影响灯管色温、光通量、发光效率、光强、照度、显色指数等参数。灯珠、支架、荧光粉、胶水、金线、封装技术都是影响光源优劣的因素。在设计 LED 荧光灯灯板时要用积分球测光源光、电、色参数，以便设计者选取适合的光源，作为 LED 荧光灯的光源。一般选用 3528、3014 或 3528 双芯封装高亮度白光 LED 灯珠。

PCB灯板布线需符合安规及布线规范，要保持LED横向及纵向距离相等，使其发光均匀，考虑LED位置不能被灯管堵头挡住，出现暗区，要刚好发光均匀，且符合客户要求发光角度。选用隔离电源PCB灯板板边与线路距离不能小于0.5mm，非隔离电源PCB边与线路距离不能小于2.5mm。计算好距离布线规则，PCB板材主要取决于热传导率，能够有效地将无功功率转化为热能，传导到散热器上。

　　堵头的接线采用防接反设计，采用两端出线的方法，即一零一火接法，将堵头两接线挂在内部连接在一起，使灯管更加稳定，如图7-26所示。

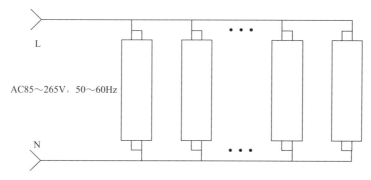

图7-26　LED灯管常规接法安装图

2）60/120cm LED荧光灯组装

① 外观检查

　　a. 铝槽、灯头、绝缘片、外罩。外观有无刮伤、毛刺、裂痕、变形等不良现象，取样品一套进行试装，以确认各配件的位置及大小是否合适。LED荧光灯组装部件如图7-27所示。

　　b. LED灯板。用20倍的放大镜检查过回流焊的LED荧光灯灯板是否有虚焊、假焊和LED焊反或少焊LED的现象，同时也检测LED灯板的大小是否合适。

　　c. 电源。加负载通电确认电源标示参数与实际是否一致。

　　d. 电源引线。电源输出端引线两条，长约15cm（24AWG）。输入端引线有两条，一条长约30cm，另一条长约120cm（22AWG）。

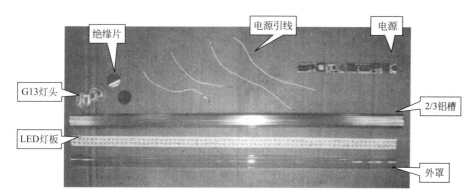

图7-27　LED荧光灯组装部件

　　② 铝槽两端开缺口。用开槽工具在2/3铝槽两端各开深为1cm左右的缺口，以便电源输出端引线穿入。用锉刀锉平缺口，确保缺口边缘光滑。

　　③ LED灯板插入半圆形铝槽。取一块LED灯板，对准半圆形铝槽平面卡点插入，直至

LED灯板刚好插在半圆形铝槽中间位置。

④ 焊接电源输入/输出线。将LED荧光灯电源的输入/输出分别焊接上电线。电源输入端引线两条，一条长约30cm，另一条长约120cm；输出端引线两条，每条长约15cm。

⑤ 在电源上套好φ20mm热缩管并收缩。用φ20mm热缩管套好电源，并用热风枪加热使之缩紧。热缩管的长度一定要超过电源长度2～4cm。

⑥ 安装电源。在半圆形铝槽其中一端槽孔内插进荧光灯电源，电源输入引线从铝槽两端各分出1根，电源输出引线从铝槽末端穿出。

⑦ 电源输出端与灯板进行焊接。电源输出线与灯板进行焊接，其中黑线接灯板的"－"端，红线接灯板的"＋"端。

⑧ 焊接灯头。将电源引线穿入绝缘垫，再将电源输入引线分别焊接到G13灯头上，确保两端都要焊接在同一条电线上，焊接要防止出现虚焊、假焊、短路。

⑨ 安装外罩。将荧光灯外罩平放在铝槽表面，保持两端与铝槽对齐，用手压外罩上部使其与铝槽卡位结合牢固。

⑩ 通电测试。在LED灯架上外接交流220V电源进行LED荧光灯点亮测试，发现不亮时需对日光灯进行检查，并针对不良项作检修。

⑪ 固定灯头。在荧光灯灯头内壁均匀涂上189胶，将已装外罩的铝槽压进灯头内，两端灯头探针固定位置要一致，可按实际使用场合进行定位。

⑫ 通电检验。固定已组装完成的LED荧光灯管，在实验用测试座上接通交流220V电源进行点亮检验，发现不亮时，需对荧光灯进行检查，并针对不良项作检修。

7.4 道路照明方案设计

7.4.1 道路照明要素

1）道路照明的作用

在道路上设置照明灯具是为在夜间给车辆和行人提供必要的能见度。道路照明可以改善交通条件，减轻驾驶员的疲劳，并有利于提高道路通行能力和保证交通安全，此外，还可美化市容。

在城市的机动车交通道路上设置照明的目的是为机动车驾驶人员创造良好的视觉环境，以求达到保障交通安全、提高交通运输效率、降低犯罪活动和美化城市夜晚环境的效果。在人行道路以及主要供行人和非机动车使用的居住区道路上设置照明的目的是为行人提供舒适和安全的视觉环境，保证行人能够看清楚道路的形式、路面的状况、有无障碍物；看清楚同时使用该道路的车辆及其行驶情况和意向，以便能了解车辆的行驶速度和方向、判断出与车辆之间的距离；行人相遇时，能及时地识别对面来人的面部特征并判断其动作意图，方便人们的交流，并能够有效防止犯罪活动。此区域的道路照明还能对居住区的特征和标志性景观以及住宅建筑的楼牌楼号进行适当的辅助性照明，有助于行人的方向定位和寻找目标需要。另外，居住区的道路照明有助于创造舒适宜人的夜晚环境氛围。

2）道路分类

根据道路在城市路网中的地位、交通功能以及对沿线建筑物和城市居民的服务功能等要求，将城市道路分为快速路、主干路、次干路、支路、居住区道路。

① 快速路。城市中距离长、交通量大、为快速交通服务的道路。快速路的对向车行道

之间设中间分车带，进出口采用全控制或部分控制。

② 主干路。连接城市各主要分区的主路，采取机动车与非机动车分隔形式，如三幅路或四幅路。

③ 次干路。与主干路结合组成路网起集散交通作用的道路。

④ 支路。次干路与居住区道路之间的连接道路。

⑤ 居住区道路。居住区内的道路及主要供行人和非机动车通行的街巷。

快速路、主干路、次干路、支路，尽管它们两侧一般设置供非机动车通行的车道和供行使用的步行道，但是，根据其主要功能和形态，仍将这些道路统称为机动车交通道路。

3）城市机动交通道路的功能性照明和装饰性照明

在一些宽阔道路，除了有机动车道、非机动车道及人行道等，两侧（或中间）还有篱笆、行道树或花坛、灌木丛，甚至还有花园，园中设有雕塑、喷水池等。如果是街道，沿街还有建筑物、广告牌、站牌等。在过去，一般只对机动车道、非机动车道及人行道实施照明，而在城市高速发展的今天，除了提高和改善道路的行车部分的使用数量和质量外，在一些道路上还要对道路两旁绿化、道路其他附属设施、两旁的建筑物进行照明，因此不少人包括专业照明工作者将道路照明纳入夜景照明范畴，笔者对此表示可以理解，但笔者认为这两部分照明有很大区别，不能混为一谈。

① 照明的对象不同。机动车道上的照明主要是照亮路面，而道路两旁绿化的照明则是照明树木、花草和景观。

② 照明的目的、性质不同。前者是为机动车驾驶员创造良好的视觉环境，使车辆安全、舒适、快速行驶成为可能；后者主要是为美化城市夜间环境，供行人和骑车人观赏，烘托气氛。因此可以这样讲，前者为功能性照明，后者是装饰性照明。

③ 照明要求不同，因而评价指标也不同。机动车道的功能性照明要求有一定的平均亮度、亮度均匀度、比较严格的眩光控制和良好的光学和视觉诱导性，要执行严格的数量和质量标准而装饰性照明除了要有一定的亮度水平、立体感、配色的要求外，可以说都是心理指标而且都不是硬指标，差一些无碍大局，而且往往不同人评价差别也很大。

④ 所采用的光源灯具不同。功能性照明推荐用高压钠灯、LED 路灯和常规道路照明灯具，而装饰性照明更多采用荧光灯、金卤灯、卤钨灯、密封型卤钨灯（PAR 灯）、美钠灯、LED 景观照明灯具等等。

⑤ 照明方式方法不同，前者多采用常规照明方式，即将灯具安装在 8～12m 高的灯杆上有规律地设置在道路的一侧或两侧或中间分车带上，光线朝路面照射，而后者则将灯具设置在地上或矮柱上向斜上方或侧面投光（当然有的也向下照射）。道路的功能性照明和装饰性照明除了上述区别外，这两种照明又相互渗透相互影响。功能性照明可以起到一定的装饰照明作用，而装饰照明也可以起到一定的功能性照明作用，不可能截然分开。照明工作者充分了解这两种照明的区别和联系非常重要，因为这是做好道路照明设计工作的基础。

4）功能性照明和装饰性照明的设计原则

① 摆正两者关系要考虑如何确保机动车道的各项照明指标均符合标准的要求，以满足驾驶员视觉作业的需要，然后才考虑人们的观赏要求。两者发生矛盾时，装饰性照明应服从功能性照明。

② 新建或改建的道路应由道路照明工程师、市政道路工程师、城市规划师以及园艺景观工程师对功能性照明、装饰性照明以及行道树、绿化带等进行统一规划和设计。机动车道功能性照明要由道路照明工程师决策，其他人只能提供参考意见。灯具的布置方式和安装高

度是根据道路照明设计标准确定的。作规划和设计时，尤其要注意避免装饰照明产生的光、色和阴影等干扰或破坏功能性照明。

③ 设置装饰照明时要因地制宜，切忌攀比。有必要且有条件设置装饰照明的道路才设。没条件的就坚决不设，否则不但达不到预期效果反而会带来负面影响。

④ 努力减少光污染和光干扰。道路照明是光污染和光干扰的重要来源，要从多方面入手尽可能减少经路面反射或直接射向空中的光线。

⑤ 无论是功能性照明还是装饰性照明都不是越亮越好。亮要亮得科学、亮得合理，也就是说满足标准要求就可以了。过亮，不但会造成能源的浪费，而且会造成种种弊端。

⑥ 功能性照明和装饰性照明之间，功能性照明的灯杆、灯具、灯臂之间，照明设施和街道其他设施之间要努力做到和谐统一，而且和整个环境相协调。

⑦ 装饰照明灯具往往安装高度比较矮，有的是贴地安装，随手就可以触及，因此选用的灯具、零部件防触电保护等电气性能应符合有关标准要求，施工安装也要符合有关规范并严格验收程序，确保人身安全。

⑧ 利于维护和管理。设计、选用照明设备时一定要考虑到使用期间的维护和管理。在设置功能性照明和装饰性照明时要尽可能使基本视野内亮度均匀且稳定，也就是说机动车道路面亮度水平与非机动车道、人行道、路边绿化带等部位的亮度水平不宜差别过大，且亮度不要发生期性变化，否则驾驶员会发生视觉适应问题，并造成视觉疲劳，分散注意力，影响驾驶安全。

7.4.2 道路照明规划设计

随着社会文明的不断进步，城市照明已发展为体现城市形象的综合市政工程。作为城市照明的一个主要部分，道路照明越来越受到社会各方面的关注。一条道路若具有良好的照明，可起到提高交通安全、提高交通引导性、降低犯罪率、提高道路环境舒适度和美化环境的作用。

1）道路照明的评价指标

① 照明亮度。道路表面上的物体能被人们看清楚，主要取决于物体的反射光线，反射光线越多视感觉越强烈，物体看得越清楚。因此落到路面上的照度大小并不能直接说明视感觉的强烈程度，而取决于路面的表面亮度。亮度是发光体或反光体使观察者感受到的明亮程度，单位是坎德拉/米²（cd/m²）。道路表面的亮度对能否清晰地看到目标起了非常重要的作用。亮度越高，目标的能见度越高。研究表明，当路面的亮度为 0.6cd/m² 时，能见度只有 25%，而当亮度升至 2cd/m² 时，能见度可达 80%。当亮度大于 2cd/m² 时，能见度变化就不太明显，这表明合适的路面亮度，有利于提高道路的能见度。

② 照明均匀度。道路上产生暗区会降低目标的可见度，因此道路上良好的照明均匀度是很重要的。对道路照明而言有两个均匀度指标：路面亮度总均匀度（U_0）、路面亮度纵向均匀度（V_1）。全面均匀度指路面上最小亮度与平均亮度之比。为保持一个可以接受的察视能力，U_0 不能低于 0.4。路面亮度纵向均匀度它是指同工条车道中心线上最小亮度与最大亮度的比值。如果在一条车道的路面上反复出现亮带和暗带，形成所谓"斑马效应"，会使得在这条车道上行驶的驾驶员感到十分烦躁，进而影响到人的心理，造成交通隐患。所以，在同一条车道中心线上的最小亮度和最大亮度的差别不能过大。

③ 眩光限制。眩光有失能眩光和不舒适眩光两种。使视觉减弱的眩光称为失能眩光，用阈值增量 TI 表示。TI 值可在不同点测定或计算取得，此值的变化与路面亮度纵向均匀度的大小有关，TI 变化越大轴向均匀度（U_L）越低，因此只要用路面亮度纵向均匀度来限定

也就足够了。使眼睛产生不舒适感的眩光称为不舒适眩光，其眩光程度用眩光控制等级 G 表示。G 值越高，不舒适程度越小。

④ 道路照明的诱导性。视觉诱导性是反映道路观察者前面的景象所引起的诱导性综合效果的程度。诱导性好能使司机容易看到和正确判断面前道路的走向，并且能判断出所处车道边界和这一车道与其他车道或道路的交叉点。

2）人行道路照明的评价指标

根据行人的行进速度特点和视觉作业需要，人行道路照明主要采用平均水平照度、最小水平照度、半柱面照度（或垂直照度）眩光限制、立体感的指坏来进行评价。

① 平均水平照度。路面平均水平照度是按照 CIE 的有关规定，在路面上预先设定的点上测得的或计算得到的各点照度的平均值。

行人与机动车驾驶员的视觉作业特点不同，驾驶员的视觉注意力是集中在道路的路面上，因此，与其关系最为密切的是路面亮度。但是，对于行人来说，他没有固定的观察目标，也无法为其规定统一的观察位置，所以，不能用路面亮度指标来进行人行道的照明评价，而应该采用水平照度来评价。水平照度包括两项评价指标，即平均水平照度和最小水平照度。与机动车的行驶速度相比，人的行走速度要低得多，这样，就可以使人的眼睛有更多的时间来适应亮度的变化，因此，行人对于均匀度的要求就比较低，通常情况下，不提出均匀度方面的要求。

② 半柱面照度。当人夜晚在路上行走时，需要尽可能迅速识别出对面走来的行人，以便于交流或是采取安全防范措施，对于熟悉的人要打招呼问候，对于陌生人则需要辨别其特征和意图，以便于有足够的时间作出正确的反应。研究结果表明，为了达到后者的要求需要有最小为 4m 的距离，并且要求在对面来人的面部高度处（大约 1.5m）有足够的垂直面照度。但是，朝向各种方向的垂直照度都不是最佳的参数，最佳参数是半柱面照度，它是指在一个无限小的垂直半圆柱体表面上的照度。但由于该指标在使用中相对有一些难度，人们仍采用垂直照度指标来进行规定。

③ 眩光限制。由于行人的行进速度远低于车辆的行进速度，因此，行人有更多的时间来适应视场中亮度的变化。因此，对于行人来说，眩光的影响问题不会像对机动车驾驶员那么严重，反而，在人行空间中有一些耀眼的光线会让人感到很愉快。对于行人来说，更容易受到不舒适眩光的干扰。但是，度量不舒适眩光的控制等级 GR 方法又不适合用来做居住区照明设施的眩光评价。因此，CIE 提出适用于居住区和步行区照明设施的眩光控制指标，即 L 与 A 的 0.5 次方的乘积，其中，L 为灯具在与垂直向下方向形成 85° 和 90° 夹角的方向上的最大（平均）亮度，A 为灯具在与垂直向下方向形成 90° 夹角的方向上的发光表面面积。

④ 立体感。一般来说，对于照明效果的满意程度，主要是根据被照明人的真实和自然程度来判断，其度晕的指标为立体感。当对比不足或过度时，都会歪曲照明环境中人的容貌。研究表明，立体感指数可以用垂直照度和半柱面照度之比（E_v/E_{sc}）来表示，推荐的比值为 0.8～1.3。

3）道路照明灯具的选择

① 机动车道主要采用功能性灯具，快速路、主干道需采用截光型、半截光型灯具，次干路、支路采用半截光型灯具。

② 商业街、居住区道路、人行地道、非机脚车道应采用装饰性和功能性相结合的灯具。

③ 立交场所的高杆照明一般选用泛光灯。

④ 在照度标准高，空气中含尘量高，维护困难的场所，宜选用防水、防尘性能较高药灯具，反之可选用一般的灯具。

⑤ 腐蚀性场所宜采用耐腐蚀性好的灯具，震动场所宜采用带减震装置的灯具。道路照明所采用的光源根据不同的场所来选择，在不同场所的光源的选择见表7-1。

表 7-1 不同场所的光源的选择

适用场所	光源种类
快速路、市郊公路	低压钠灯、高压钠灯
支路、居住区道路	高压钠灯
市中心、商业中心等对颜色识别要求高的道路	小功率高压钠灯、允许用高压汞灯
主干路、次干路	显色改进型高压钠灯或金属卤化物灯

道路照明的灯具应具有良好的配光曲线，使大部分光比较均匀地投射到道路中央。道路照明灯具按光强分布可分成三类。

① 截光型灯具。截光型灯具最大光强方向在 $6°\sim65°$ 范围内，$90°$ 方向时其光强最大允许值为 $10cd/1000lm$，$80°$ 方向时则为 $30cd/1000lm$。这种灯具可以获得较高的路面亮度与均匀度，但周围地区较暗，因而主要用于高速公路或市郊道路。

② 半截光型灯具。半截光型灯具最大光强方向在 $0°\sim75°$ 范围内，$90°$ 方向时其光强最大允许值为 $50cd/1000lm$，$80°$ 方向时则为 $100cd/1000lm$。这种灯具的水平光线有一定程度的限制，横向光线有一定程度的延伸，有眩光，但不太严重，主要用于城市的道路照明。

③ 非截光型灯具。非截光型灯具在 $90°$ 方向上的光强最大允许值为 $1000cd/1000lm$，它眩光严重，但看上去有一种明亮感，可以在车速较低的街道、公园、景区道路采用。

4) 道路照明布灯方式的选择

道路照明较常见的布灯方式有以下几种，灯具配光类型、布灯方式、安装高度与灯之间距离的关系见表7-2。

表 7-2 灯具配光类型、布灯方式、灯具安装高度与灯之间距离的关系

布灯方式	配光种类					
	截光型		半截光型		非截光型	
	安装高度 H	间距 S	安装高度 H	间距 S	安装高度 H	间距 S
单侧布灯	$H \geq W_{eff}$	$S \leq 3H$	$H \geq 1.2W_{eff}$	$S \leq 3.5H$	$H \geq 1.4W_{eff}$	$S \leq 4H$
交错布灯	$H \geq 0.7W_{eff}$	$S \leq 3H$	$H \geq 0.8W_{eff}$	$S \leq 3.5H$	$H \geq 0.9W_{eff}$	$S \leq 4H$
对称布灯	$H \geq 0.5W_{eff}$	$S \leq 3H$	$H \geq 0.6W_{eff}$	$S \leq 3.5H$	$H \geq 0.7W_{eff}$	$S \leq 4H$

注：W_{eff} 为路面有效宽度，单位为 m。

① 单侧布灯。适合于较窄的道路，灯具安装高度等于或大于路面有效宽度。优点是诱导性好。缺点是不设灯的一侧路面亮度低，两个方向行使车辆得到的照明条件不同。

② 交错布灯。灯具按"之"字形交错布灯，适用于比较宽的道路。灯具安装高度不小于路面有效宽度的 70%。优点是亮度总均匀度能满足要求，在雨天提供的照明条件比单侧灯好。缺点是亮度轴向均匀度较差，诱导性不如单侧布灯，容易使机动车驾驶员产生混乱的视觉印象。

③ 对称布灯。适用于宽路面，灯具安装高度不小于路面有效宽度的 50%。

④ 横向悬索式布置。灯具悬挂在横跨道路上的绳索上，灯具的垂直对称面与道路轴线成直角。此种布灯方式的灯具安装高度较低，为 $6\sim8m$，多用于树木遮光较多的道路，或安装灯杆困难的街道。缺点是灯具容易摆动或转动造成闪烁眩光。

⑤ 中心对称布灯。适合有中间隔离带的双幅路。灯具在中间隔离带上用 Y 形或 T 形杆

安装，灯杆高度应等于或大于单侧道路的有效宽度。优点是效率较高、诱导性好。

7.4.3 LED 路灯

1）LED 路灯的结构

LED 路灯由铝合金压铸灯体、LED 模组（模块）、钢化玻璃罩、AC/DC 恒流驱动器和电气室盖板 5 部分组成，如图 7-28 所示。其外观结构由散热灯体、光源室、电气室三部分组成，如图 7-29 所示。

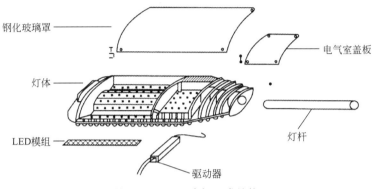

图 7-28　LED 路灯组成结构

2）LED 路灯的二次光学设计

LED 路灯的二次光学设计决定了 LED 路灯的配光及光输出效率，是评判 LED 路灯整灯质量最重要的组成部分之一。目前 LED 路灯所运用的 LED 大致为单颗集成和单颗阵列式两种，单颗集成式 LED 模组有 30W、50W、60W、75W、90W、100W 甚至 200W 的，现在厂家用的透镜基本都是采用玻璃制作的，但玻璃的加工难度大，批量制造的一致性差，机床、模具和工人操作都会对加工精度产生影响。另外也不适宜用 PMMA 塑料制造的透镜，因为集成 LED 模组所用透镜体形大，为了能够达到配光的效果，内部结构之间的厚度会相差很大，注塑成形后也会因收缩率不同而产生变形，难以达到准确配光。因此，通过改进道路照明的结构来提高传输效率，具有很大的提升空间。一种较实用的方法是采用非成像光学的原理设计特殊的光学系统，更合理地分配 LED 发出的光能，以在满足国家标准对光照度和均匀性要求的前提下，提高道路照明系统的性能，尽量提高能量的利用率。LED 路灯矩形光斑的二次配光可以由几种技术来实现，采用其中的一种非对称自由曲面技术时，透镜呈半球形，不同于现在常见的长条形透镜。大功率 LED 路灯透镜如图 7-30 所示。

图 7-29　LED 路灯外观结构

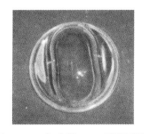

图 7-30　大功率 LED 路灯透镜

LED 路灯采用单颗 1W 阵列式方案，二次配光直接由单个 LED 光学元件完成，路灯灯头只要用矩形配光的模块作一个阵列式安装，即可达到理想的使用效果。整体 LED 路灯经测试表明达到了比较好的配光效果，其均匀度为 0.57。

大功率 LED 工程照明应用的另一个关键问题是配光问题。传统光源照射方向为 $360°$，灯具依靠反射器将大部分光线反射到特定方位，一般来说有效光为光源的 $40\%\sim70\%$，光源输出的很大一部分光被转换成热量在灯具内部消耗掉。大功率 LED 路灯配光如图 7-31 所示。

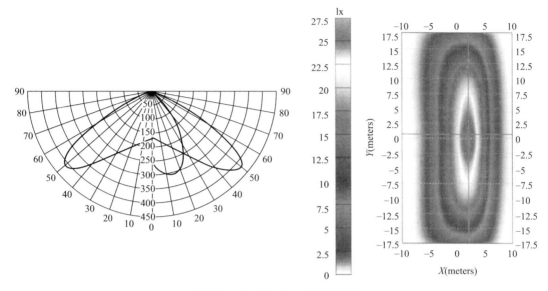

图 7-31　大功率 LED 路灯配光图

LED 路灯的绝大部分光线都是前射光，可以实现 $>95\%$ 的光效，这是 LED 区别于其他光源的重要特性之一。如果不能将这一特性很好地利用，就会使 LED 的优势大打折扣。大多数大功率 LED 路灯由于是多个 LED 芯片拼装，所以要将这么多光源照到不同方向，有很大的难度，往往造成两种后果：照到需照亮区域之外的地方，造成光源浪费，如图 7-32 所示；路面照度不均匀，如图 7-33 所示。

图 7-32　照到需照亮区域之外的地方

图 7-33　路面照度不均匀

为达到道路、隧道、厂区等不同场合照明标准的要求，充分发挥芯片整体封装的特点，采用透镜，通过光学设计，根据不同需要，配合不同凸面曲线，依靠透镜将光线分配到不同方向，保证出光角度大的可以达到 $120°\sim160°$，小的可以将光线聚集在 $30°$ 以内。透镜一旦定型，在生产工艺保证的前提下，同种灯具的配光特性也就达到了一致。经过多次试制，已成功研制并定型了多款透镜。目前隧道灯、路灯和工般照明灯已达到各自应用场所的照明要求。

7.5 景观照明的规划设计

7.5.1 景观照明设计

景观照明是指利用各种各样的灯具对如建筑物外轮廓、广场、公园、小区及各种旅游景区等景观进行照明，以达到美化环境、渲染气氛的效果工程。它与道路照明不同，道路照明以照明为主，强调合理亮度，不能一味追求美观却忽视安全照度和透雾性，而景观照明则在安全性满足的前提下，侧重于对环境的美化作用，使人们在夜晚也能够享受到美好的景观。

1）景观照明规划设计要点

（1）照度标准

城市景观照明的目的是渲染气氛、美化环境、标志人类文明。这就自然涉及一个"怎么照，照多亮"的问题。夜景照明的照度值与建筑物外装材料、周围环境明暗程度、建筑物性质和特点等因素有关。应根据被照场所的功能、性质、环境区域亮度、表面装饰材料及所在城市的规模等，确定所需的照度或亮度的标准值。

（2）照明方式的确定

建筑物的夜景照明方式很多，常用的方法主要有泛光照明、轮廓照明以及内透光照明。

泛光照明是指用泛光灯直接照射被照建筑物表面，使被照面亮度高于周围亮度。

① 使用光源。气体放电灯、LED。

② 特点。显示建筑物体形、突出建筑物全貌，层次清楚、立体感强。灯具的安装位置及投射角度很重要，否则光干扰很严重。

③ 适用场所。适用表面反射较强的建筑物。

轮廓照明是指光源沿被照建筑物特定的轮廓安置，显示建筑物外形。

① 使用光源。白炽灯、荧光灯、霓虹灯、LED。

② 特点。突出建筑物的外形轮廓，不能反映建筑物外表的特点。

③ 适用场所。适用于桥梁及较大型建筑物，可作为泛光照明的辅助照明。

内透光照明是指光源安置在建筑物内部，利用玻璃或玻璃幕墙向外投射出光线。

① 使用光源。荧光灯、白炽灯、LED。

② 特点。在某些特定的情况下，效果较佳，节约投资、维护方便。

③ 适用场所。使用于玻璃较多或大面积的玻璃幕墙、标志、广告。

具体的照明方式的选择应当结合相应建筑物的特点，以及想要达到的效果，采用多种照明方式相结合，以达到人们预期的效果。

（3）景观照明灯具的选择

灯具选型要考虑的是灯具光源的功率大小及灯具的反光器。灯具选型对否关系到能否达到设计效果图的要求，从而在整体上把握整个景观的整体效果及亮度。比如有的要求灯具的照射面积是宽广的，有的却是狭长的，这样对灯具的要求就不一样，灯具的反光器就分别为宽光束和窄光束的，照树木及建筑立面一般选择宽光束的，建筑的立柱、其他特殊要求局部打亮的部分就需要用窄光束的灯具。

灯具外形选择也是至关重要的，景观照明除了夜间的效果要有创意，要能吸引人的注意，白天的效果也很重要。绿化植物内的灯具相对来说要好一些。总有隐藏的位置，实在不能藏，也通过支架立起来，对白天的整体效果影响相对来说要小一些。对于建筑来说就不一样了，尤其是外观本身效果就很好的建筑，白天也是很重要的一个景色。此时的灯具外形选择更为重要，外形不好的灯具对建筑白天外观影响很大，照明上一般有见光不见灯的要求。尽量不破坏建筑及景观本身在白天的效果，在夜间却能体现建筑及景观的另一种风貌。比如湖中的塔，在塔上装什么样的灯才能既能体现塔的形状，又不破坏塔本身白天的效果，灯具选择就非常重要。

灯具的大小要和现场安装位置相匹配，过大、过小都给人别扭的感觉，因此很多灯具都需要定制，需要和生产厂家密切合作。此时如果有条件预埋的灯具最好能预埋。桥洞里为了隐藏灯具，在施工时要和桥梁设计充分沟通，在桥洞内预留了灯具的安装位置及预埋了管线，可最大程度减小白天对景观的影响。

灯具选用应考虑安全问题。灯具的安全包括灯具本身的安全以及安装后灯具对行人以及其他物体的安全。因为灯具安装后本身由于安装、时间长引起的电线老化、灯具本身带电危及其他的物体的安全等等，比如接近水面的灯具、行人很容易接触到的灯具、水下安装的灯具、广场上的灯具等等。一般与水接触的灯具要求使用安全电压（低压），广场上的灯具除了电压等级要符合要求，还要考虑到灯具的发热问题，灯具发热量大，对游玩的小孩就很危险，小孩很容易被烫伤。

（4）景观照明设计中灯具节能措施

景观照明不需要太高的照度，只要营造一个照明的特色就可以了，因此设计时还要兼顾节能。景观照明节电也是建设节约型社会中的重要一环，目前甲家相关部门已经严禁景观照明使用强力探照灯、大功率泛光灯、大面积霓虹灯、彩泡、美耐灯等高亮度、高能耗灯具。要求要根据景观元素的要点、照明载体的形体特征、材质特性、艺术特点等选择科学合理的照明方法，合理使用高效节电照明技术和方法。因此景观照明设计中选择灯具时应该选用发光效率高的节能光源、灯具和辅助设备，推广采用金属卤化物灯、高压钠灯、细管荧光灯及LED灯等。充分采用有效的配电方案及控制方式，例如可以把公园平时与节日的景观照明分别控制，以便于合理维护和管理景观照明设施，将照明能耗减小到最低限度。选用国家推荐节能灯具，对于选用节能型镇流器等辅助设备的各种灯具，要对每套灯具进行合理的无功补偿，以减小整个线路的电能损失。

2）景观照明规划设计的步骤

景观照明设计工作可分为两大阶段。第一个阶段是收集资料，调查分析，包括环境分析、即录构思及现场勘查；第二个阶段是在此基础上进行具体的设计工作。

（1）环境分析

地理位置。了解设计对象在城市中的具体位置，并且了解设计对象周围的建筑、道路、桥梁、绿化情况，特别是该地区的建设规划和发展情况。

建筑周围的光环境。充分了解周围建筑物夜景照明的效果及该地区照度水平的高低及照明特色。

（2）形象构思

分析设计对象中所有建筑物的建筑风格和形象特征，同时也要了解建筑师对本建筑的设计构思和对夜景照明的一些要求。根据建筑物的结构造型、体量、外幕墙的形式及颜色和材料的反射特性，装饰细部等特点，确定该建筑需要表现和强调的重点部位，确定照明方法和主要使用的照明设备，构思出夜景照明的初步设计方案。

（3）现场勘查

观察建筑物在白天的形象和艺术效果，在现实环境中加深对设计对象的理解，寻找实际可行的布灯地点。对通过对实地考察提出的初步照明设想进行深化设计，如灯具的选型、安装位置及灯具数量；光源的选定；照明控制箱的数量及安装位置；照明囡路的控制方式；电线引入点总用电负荷的确定。然后与业主就有关照明方案、配电技术、设备选型、投资造价等方面进行综合论证。经过调整与修改，最终确定景观照明的方案设计后，方可进入下一步要施工图设计阶段。

（4）特殊部位的照明实验

特别是对重点照明部位的照明效果，或使用新的技术和器材，或是选用的灯具是为了本工程特制的，或是甲方要求时，为了确保照明方案的可行性，需进行必要的现场或模型实验。对一般工程，没有以上情况者，此项实验工作可以免做。

（5）确定设计标准

建筑物立面亮度是最直观的夜景照明标准。除有特殊要求的建筑物外，使用泛光照明时不宜采用大面积投光将被照面均匀照亮的方式。对玻璃幕墙建筑和表面材料反射比低于 0.2 的建筑，不应选用泛光照明。对具有丰富轮廓特征的建筑物，可选用轮廓照明，当轮廓照明使用点光源时，灯具间距应根据建筑物尺度和视点远近确定；当使用线光源时，线光源的形状、线径粗细和亮度应根据建筑物特征和视点远近确定。对玻璃幕墙以及外立面透光面积较大或外墙被照面反射比低于 0.2 的建筑，宜选用内透光照明，使用内透光照明应使内透光与环境光的亮度和光色保持协调，并应防止内透光产生光污染。

（6）确定灯位

根据夜景照明方案的要求来选定安装灯具的位置，再依据甲方提供的平面图、立面图及外幕墙的节点大样图，来确定此灯位在实际情况中的可实施性，有的时候需要在外幕墙上做一些过渡支架。

（7）照明器具的选择

光源的选择要考虑其光效、光通量、色温与显色性以及寿命等因素。对灯具要求效率高，灯具的反射器配光性能适用、合理，灯具的结构小巧紧凑、有可靠的防水防尘性能，且便于安装、调试维修。

（8）防雷设计

景观中建筑物的防雷应满足现有国家标准 GB 500572—1994《建筑物防雷设计规范》的要求，中、高杆灯顶端应设避雷针。由于室外灯具采用 TT 接地形式，因此室外灯具宜单独设置接地极并与电源侧接地装置分开。接地极可采用灯柱基础钢筋或另打圆钢、扁钢、角铁作接地极。每个配电回路所接灯具的接地极宜互相连通。接地极之间的连线应满足机械强度要求，可以采用铜导体与配电回路同路敷设，也可采用圆钢、扁钢、角铁埋地敷设，使用钢材时，圆钢直径不应小于 10mm，扁钢不应小于 4mm×25mm，角铁厚度不应小于 4mm，此时的连线可看成水平接地体。接地体埋地深度不宜小于 0.6m。接地电阻应不大于 4Ω。室外场所一般不具备等电位连接条件，但对于潮湿场所，如游泳池、喷水池，一般场地有限并为混凝土做成，做局部等电位连接既必要又方便，可以大大提高安全程度。

7.5.2　景观照明灯具应用与灯具简介

景观照明的目标是使景观照明与景观协调，因"景"制宜，因建筑特色制宜，达到美化环境的目的，同时还注重自然环境与照明统一性。景观照明可以改变环境的外观，艺术性的照明灯光和色彩，构成动态和静态的光、声、色的景观，点缀大自然环境。景观照明为了提高可视性和观赏性，越来越多的 LED 应用于建筑物、城市广场、园林、步行街道中，其优异的节能特点和极长的使用寿命，受到灯光设计师和用户们的青睐。

1）地面灯具

地面灯具使用 LED 光源可以将尺寸小型化，一方面可以用于环境照明，另一方面可以用于发光装饰照明或引导性功能照明。依据具体的地面铺装结构，灯具的出光口面积可大可小。嵌入式石灯、地砖灯以切边加工的方式与铺装的石材取得一致，达到环境与光源和谐统一的效果。目前部分产品已实现模数化设计，例如作为地面铺装层照明的发光地砖，产品的尺寸与地砖的尺寸相协调，产品规格有 150mm×150mm、200mm×200mm、200mm×100mm、300mm×300mm 以及 400mm×200mm 等。

（1）LED 地埋灯

地埋灯在照明领域应用很广泛，是埋在地面供人照明而得名的。工作电压为 DC12V 或 AC220V，单个 LED 功率为 1～5W，防护等级 IP65，控制方式分为内控、外控、DMX512 控制。光源有单色和由 RGB 组成的七彩两种，七彩地埋灯可以实现红、橙、黄、蓝、绿、白、紫，七色渐变、跳变等多种梦幻色彩组合，具有色彩绚丽、魅力四射的灯光效果。型号规格有 $\phi320\times H175$、$\phi245\times H245$、$\phi250\times H250$、$\phi220\times H180$、$\phi185\times H150$、$\phi180\times H160$、$\phi150\times H160$、$\phi250\times H250$、$\phi290\times H240$ 以及 $\phi160\times H140$ 等。LED 地埋灯如图 7-34 所示。

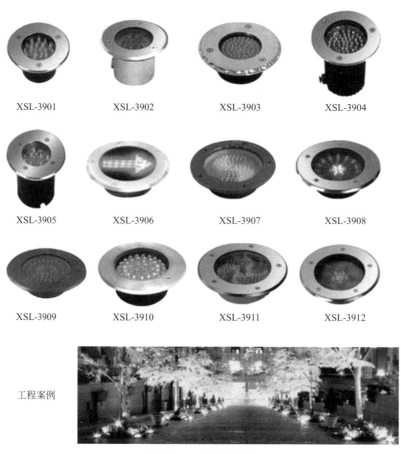

XSL-3901	XSL-3902	XSL-3903	XSL-3904
XSL-3905	XSL-3906	XSL-3907	XSL-3908
XSL-3909	XSL-3910	XSL-3911	XSL-3912

工程案例

图 7-34 LED 地埋灯

LED 地埋灯采用精密铸铝灯体、不锈钢抛光面板或铝合金面板、优质防水接头、硅胶橡胶密封圈、弧形多角度折射钢化玻璃、PC 罩组成，防水、防尘、防漏电、耐腐蚀，造型简洁，外观小而精致。LED地埋灯具有体积小，功耗低，寿命长，安装方便的特点。一次施工，数年使用。广泛应用于广场、酒楼、私人别墅、花园、会议室、展览厅、小区环境美化、舞台酒吧、商场、停车场、旅游景点等场所。

（2）LED地砖灯、LED墙砖灯

LED地砖灯、LEE1墙砖灯系列产品是由纳米高分子材料及钢化磨砂玻璃制造而成的，该产品无毒、无害、防静电、新型环保节能，高强度，抗冲击，防水，防酸碱，新颖美观。发光源是采用进口LED芯片，产品的正常使用寿命为6～10年，耗电量低，安全可靠，所有产品防水等级可达IP67，硬度巴氏20以上。产品广泛用于花园、广场、水池、游泳池、酒吧、歌厅、宾馆、高档店面等场所。通体发光和造型系列的可承重2t左右，满天星可承重5t左右。该产品可随客户要求定做，其电压为12V/24V/36V，常规尺寸是300mm×300mm，可加工成100mm×1100mm、200mm×200mm、…，任意定做各种造型，RGB色彩变化及内、外控制都由客户要求制作。常用LED地砖灯、LED墙砖灯系列，如图7-35所示。

图7-35　LED地砖灯、LED墙砖灯

2）线性发光灯具

LED线性发光灯具（管、带、幕墙灯等），产生的轮廓照明效果可以替代传统的霓虹灯、镁氖发光管、彩色荧光灯。常用产品额定工作电压为DC12V、DC24V，AC220 V。直流供电采用集中供电方式，电源采用大功率开关电源或线性电源。控制方式分为内控和外控，照明工程中一般采用几十到几百个的单体组合。LED线性发光灯具以其良好的耐候性，寿命期内极低的光衰、多变的色彩，具有流动变幻的照明效果，在城市建筑的轮廓照明、桥梁的栏杆照明中得到了广泛的应用。以一幢建筑物勾画的轮廓灯为例，利用LED光源红、绿、蓝三基色组合原理，在微处理器控制下可以按不同模式加以变化，例如水波纹式连续变色、定时变色、渐变、瞬变等，形成夜晚的高楼大厦千姿百态的效果。

（1）LED灯带

LED灯带分柔性LED灯带和LED硬灯条两种。柔性LED灯带是使用FPC做组装线路板，用贴片LED进行组装，使产品的厚度仅为一枚硬币的厚度，不占空间。普通规格有30cm长18颗LED、24颗LED以及50cm长15颗LED、24颗LED、30颗LED等。还有60cm、80cm等，不同的用户有不同的规格。并且可以随意剪断、可以任意延长而发光不受影响。而FPC材质柔软，可以任意弯曲、折叠、卷绕，在三维空间随意移动及伸缩而不会折断。适合于不规则的地方和空间狭小的地方使用，也因其可以任意的弯曲和卷绕，适合于在广告装饰中任意组合各种图案。

LED硬灯条是用PCB硬板做组装线路板。LED有用贴片LED进行组装的，也有用直插LED进行组装的，视需要不同而采用不同的元件。硬灯条的优点是比较容易固定，加工和安装都比较方便；缺点是不能随意弯曲，不适合不规则的地方。硬灯条用贴片 LED 的有 18 颗 LED、24 颗 LED、30 颗 LED、36 颗 LED、40 颗 LED 等多种规格；直插 LED 的有 18 颗、24 颗、36 颗、48 颗等不同规格，有正面的也有侧面的，侧面发光的又叫长城灯条。 LED 柔性灯带如图 7-36 所示，LED 硬灯条如图 7-37 所示。

图 7-36   LED 柔性灯带

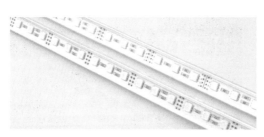

图 7-37   LED 硬灯条

（2） LED 彩虹管

LED 彩虹管是采用高亮度 LED 制造的可塑性线形装饰灯饰，具有低功耗、高效能、使用寿命长、易安装、维修率低、不易碎、亮度高、冷光源、可长时间点亮、易弯曲、耐高温、防水性好、绿色环保、颜色丰富、发光效果好等特点，可用于建筑物大厦轮廓，也可用于室内外装饰。LED 彩虹管如图 7-38 所示。

图 7-38   LED 彩虹管

（3） LED 柔性霓虹管

LED 柔性霓虹管可以随意弯曲，可任意固定在凹凸不平的地方。体积小、颜色丰富，可按客户需求做成红、黄、蓝、绿、白等颜色。每三个灯就可以组成一组回路，低电流低功耗、节能美观，广泛用于汽车装饰、照明指示标识、广告招牌、精品装饰等领域。该产品防水性好，使用低电压直流供电，安全方便、多种发光颜色、色彩绚丽，如图 7-39 所示。

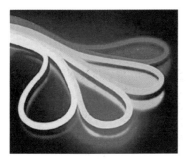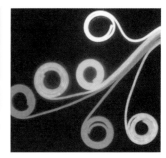

图 7-39　LED 柔性霓虹管

3）LED 护栏灯

LED 护栏灯是采用优质超高亮 LED 组成的，主要用于城市景观照明。具有耗电低、无热量、使用寿命长、耐冲击、可靠性高、节能环保、光色柔和、亮度高等特点。LED 护栏灯颜色纯正、超长使用寿命，平均使用寿命可达 8 万～10 万小时。LED 护栏灯一般为单色 LED，抗紫外线照射，防水防潮。LED 护栏灯（管），如图 7-40 所示。

图 7-40　LED 护栏灯（管）

4）LED 数码管

LED 数码管由红绿蓝三基色混色实现 7 种颜色的变化，采用输出波形的脉宽调制，即调节 LED 灯导通的占空比，在扫描速度很快的情况下，利用人眼的视觉惰性达到渐变的效果。一根灯管配合控制器，能够分段变化出 7 种不同颜色，并产生渐变、闪变、扫描、追逐、流水等各种效果，灯管长度可任意选择（单位 m）。LED 数码管具有抗紫外线照射，防水防潮的优点。

全彩管可用于大楼、道路、河堤轮廓亮化，LED 数码管可均匀排布形成大面积显示区域，可显示图案及文字，并可播放不同格式的视频文件。通过 Flash 软件设计、动画、文字等文件，或使用动画设计软件设计个性化动画，播放各种动感变色的图文文件。外壳采用阻燃 PC 塑料制作，强度高，抗冲击，抗老化，防紫外线，防尘，防潮。LED 数码管具有功耗小、无热量、耐冲击、长使用寿命等优点。如果应用于大面积工程中，连接电脑同步控制器，还可显示图案，动画视频。等效 LED 数码全彩灯管可以组成一个模拟 LED 显示屏，模拟显示屏可以提供各种全彩效果及动态显示图像字符，可以采用脱机控制或计算机连接实行同步控制，可以显示各式各样的全彩动态效果。控制系统采用专用灯光编程软件编辑，数码管控制花样更加方便，只需将编辑生成的花样格式文件复制进 CF 卡即可。数码管的信号线用标准公母插头连接，电源线采用 $2×0.5mm^2$ 护套线连接。LED 数码管如图 7-41 所示。

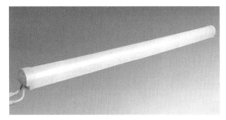

图 7-41　LED 数码管

5）水下灯（水底灯）

水底灯就是装在水下的灯，外观小而精致，美观大方，外形和有些地埋灯差不多，只是多了个安装底盘，底盘是用螺钉固定的。LED 水底灯一般为 LED 光源，具有节能环保、使用寿命长、体积小等特点。它通电的时候，可以发出多种颜色，绚丽多彩，一般是装在公园或者喷泉水池里。具有很强的观赏性。LED 水底灯一般为不锈钢面板，铝灯体，具有很强防腐蚀、抗冲击力强的优点。水底灯有很好的防水设计，维修简单，安装方便，规格一般为 φ80～160mm 之间，高度为 90～190mm。广泛应用于大型游泳馆、喷泉、水族馆等场所作水下照明。LED 水下灯（水底灯）如图 7-42 所示。

图 7-42　LED 水下灯（水底灯）

6）草坪灯

草坪灯是指高度在 1.2m 以下，为草坪或园区小路提供照明的灯具。LED 草坪灯的尺寸更小，表现得更为人性化。草坪灯应用于人行道，既必要又方便，可以大大提高安全程度。LED 草坪灯是用于草坪周边的照明设施，也是重要的景观设施。它以其独特的设计、柔和的灯光号为城市绿地景观增添了安全与美丽，且安装方便、装饰性强，可用于公园、花园别墅等的草坪周边及步行街、停车场、广场等场所。使用36W或70WLED灯，间距在6～10m为宜。还有一些草坪灯制成了别致的小动物或者植物等仿真造型，置于草坪中，仿佛雕塑一样美观。LED草坪灯如图7-43所示。

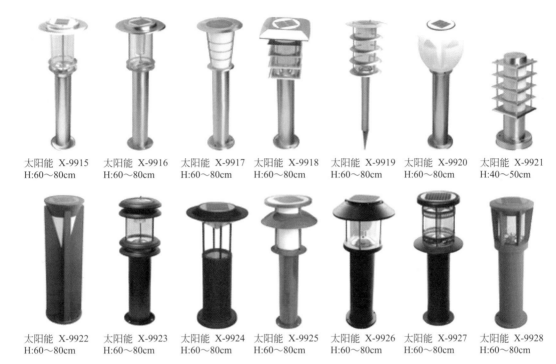

| 太阳能 X-9915 H:60～80cm | 太阳能 X-9916 H:60～80cm | 太阳能 X-9917 H:60～80cm | 太阳能 X-9918 H:60～80cm | 太阳能 X-9919 H:60～80cm | 太阳能 X-9920 H:60～80cm | 太阳能 X-9921 H:40～50cm |

太阳能 X-9922 H:60～80cm　太阳能 X-9923 H:60～80cm　太阳能 X-9924 H:60～80cm　太阳能 X-9925 H:60～80cm　太阳能 X-9926 H:60～80cm　太阳能 X-9927 H:60～80cm　太阳能 X-9928 H:60～80cm

图7-43　LED草坪灯

7）景观灯

景观灯灯体为铁/铝制品或优质不锈钢或为钢体热镀锌后静电喷塑，表面喷户外漆，紧固件螺钉、螺母的材质为铁或者不锈钢。灯罩为亚克力罩或进口PMMA材料，光源为高亮度LED光源，防护等级为IP54、IP55、IP65。经喷锌处理，不锈钢抛光处理。适用于公共场合、广场、商场步行街、公园、别墅群、绿化带、酒店等。LED景观造型简洁，体现出流行的照明灯柱的设计概念；采用点对点控制模块，通过智能化数字控制器实现色彩的追逐、扫描、渐变与闪变等变化效果，具有强大的环境影响力。LED景观灯如图7-44所示。

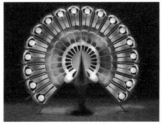

图7-44　LED景观灯

8）射墙灯

射墙灯又称线型投光灯，主要用于建筑装饰照明或勾勒大型建筑的轮廓，其技术参数与LED投光灯大体相似，相对于LED投光灯的圆形结构，LED射墙灯的条形结构的散热装置显得更加好处理。主要应用于单体建筑、历史建筑群外墙照明、大楼内光外透照明、室内局部照明、景观照明等。LED射墙灯如图7-45所示。

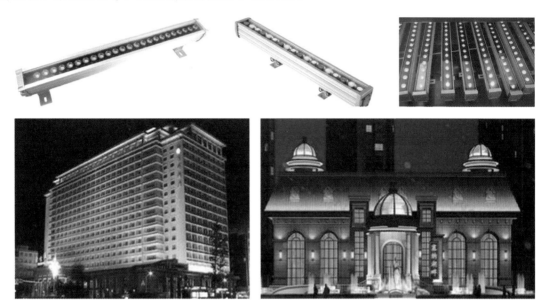

图 7-45　LED 射墙灯

9）投光灯

LED投光灯通过内置微芯片或外加控制器的控制，能实现渐变、跳变、色彩闪烁、随机闪烁、渐变交替等动态效果，也可以通过DMX的控制，实现追逐、扫描等效果。LED投光灯主要运用于单体建筑，历史建筑群外墙照明，大楼内光外透照明，室内局部照明，绿化景观照明，广告牌照明，医疗文化等专门设施照明，酒吧，舞厅等娱乐场所气氛照明。LED投光灯如图7-46所示。

图 7-46　LED 投光灯

10）庭院灯

庭院灯是指灯体在灯杆柱顶安装或柱侧吊装的灯具，安装高度通常为2～6m，庭院灯通常具有坚固的结构和较大的尺寸，能够承受十分恶劣的环境。

太阳能庭院灯以太阳光为能源，光谱电子太阳能庭院灯主要是白天充电、晚上使用，无需复杂昂贵的管线铺设，可任意调整灯具的布局，安全节能无污染，充电及开/关过程采用智能控制，光控自动开关，无需人工操作，工作稳定可靠，免维护。

LED庭院灯一般功率较小，典型灯头的功率是6W和9W，通过加大电流的方式可以得到12W功率。LED庭院灯由采用单晶硅或多晶硅制作的太阳能电池板、支架、灯颈、灯头、专用灯泡、蓄电池、电瓶箱以及地笼等组成。LED 庭院灯如图 7-47 所示。

图 7-47　LED 庭院灯

[1] 伍斌. 灯具设计. 北京：北京大学出版社，2010.

[2] 张以谟. 应用光学. 北京：电子工业出版社，2008.

[3] 韩永学. 建筑电气施工技术. 北京：中国建筑工业出版社，2004.

[4] 毛学军. LED 应用技术. 北京：电子工业出版社，2012.

[5] 刘祖明. LED 照明工程设计与产品组装. 北京：化学工业出版社，2011.

[6] 毛兴武等. LED 照明驱动电源与灯具设计. 北京：人民邮电出版社，2011.

[7] 陈晓广. 灯具创意与造型设计技巧. 北京：人民邮电出版社，2012.

[8] 刘永翔. 产品设计. 北京：机械工业出版社，2010.

[9] 何晓佑. 产品设计程序与方法. 北京：中国轻工业出版社，2000.

[10] 哉桂林. 设计中的设计原研. 广西师范大学出版社，2010.